气象信息员手册

主　　编　朱小祥
副 主 编　章建成　上官昌贵

气象出版社
China Meteorological Press

内容简介

本书从气象信息员工作的意义和职责等方面阐述了气象信息员在防灾、减灾、救灾中发挥的重要作用。书中从气象基础知识、我国主要气象灾害和次生灾害及防御措施、气象灾害预警信号与应急预案、气象灾害灾情调查六个方面介绍了气象信息员需要了解的基础气象知识；从气象观测站与气象探测环境保护方面介绍了国家法律、法规对气象探测设施和气象探测环境的保护措施；选取了全国各地优秀气象信息员在基层防灾、减灾方面的典型案例，为气象信息员更好地开展工作提供借鉴。

本书可为全国各地的气象信息员提供学习和工作的参考，进一步提高基层的防灾、减灾、救灾能力。

图书在版编目（CIP）数据

气象信息员手册 / 朱小祥主编. -- 北京 : 气象出版社, 2023.12

ISBN 978-7-5029-8129-7

Ⅰ. ①气… Ⅱ. ①朱… Ⅲ. ①气象－工作－手册 Ⅳ. ①P4-62

中国国家版本馆CIP数据核字(2023)第240400号

气象信息员手册

Qixiang Xinxiyuan Shouce

出版发行：气象出版社

地　　址：北京市海淀区中关村南大街46号　　**邮政编码：**100081

电　　话：010-68407112（总编室）　010-68408042（发行部）

网　　址：http：//www.qxcbs.com　　**E-mail：**qxcbs@cma.gov.cn

责任编辑：张锐锐　吕厚荃　　**终　　审：**张　斌

责任校对：张硕杰　　**责任技编：**赵相宁

封面设计：数字城堡

印　　刷：北京建宏印刷有限公司

开　　本：710 mm×1000 mm　1/16　　**印　　张：**12.5

字　　数：185千字

版　　次：2023年12月第1版　　**印　　次：**2023年12月第1次印刷

定　　价：39.80元

前言

天气与人类生活、生产密不可分。冷、热、干、湿、风、云、雨、雪、霜、雾、雷、电等天气现象让我们的生存环境变得绚丽多彩，同时也会产生一些气象灾害，给我们带来痛苦和灾难。因此，了解气象灾害及其危害性，正确认识气象灾害的发生、发展规律，科学有效地进行防御，提高全民防灾、减灾意识，筑牢防灾、减灾、救灾防线尤为重要。

农村、社区、厂矿、学校等基层单位一直是气象灾害防御工作最薄弱的环节，也是我国气象防灾、减灾工作的重点和难点。我国幅员辽阔，气象灾害种类多、分布广、发生频率高，造成的损失重，超过世界上大多数国家。随着全球变暖，我国极端天气、气候事件明显增多，强度明显增强，气象灾害的多发性、突发性、极端性更加突出，造成巨大的人员和财产损失，为我们敲响了“灾害防御”的警钟。

气象信息员是连接政府和广大群众的桥梁。气象信息员负责气象灾害预警信息的接收和传播，要及时报告当地气象灾害信息，也要在得到各级气象台（站）气象灾害预报预警信息后及时向广大群众传递，并协助各级政府、社会组织、单位和个人科学避灾。目前我国气象信息员队伍已达到

65.3 万人，是“政府主导、部门联动、社会参与”的气象灾害防御体系的重要一环。实现气象信息“全覆盖、零距离”传播进村入户，解决灾害防御“最后一公里”问题，最大限度地避免和减少气象灾害造成的损失，提升基层组织的防灾、减灾能力，对城市发展、新农村建设具有重要意义。

气象信息员来自各行各业，绝大多数都是兼职人员，流动性强，更替频繁，需要深入了解气象灾害的特点及防御措施，掌握开展工作的具体方法。加强气象信息员管理和培训，丰富基层气象信息员的气象基础知识，提高气象信息员业务技能、工作能力和服务水平，才能更好地发挥气象信息员的作用。本书力求运用浅显易懂的语言，简单明了地将气象基础知识、灾害防御知识，以及气象信息员的职责和如何履职等基本知识传递给广大气象信息员。

本书在中国气象局应急减灾与公共服务司的指导下，由中国气象局公共气象服务中心组织多位从事气象信息员管理和气象服务工作的同志参与编写。主要包括三个方面内容，共 9 章：一是气象防灾、减灾工作的意义，详细论述了气象信息员工作的重要性，共 1 章；二是气象信息员工作意义、职责和工作内容，包括气象信息员的义务与岗位职责、气象灾害灾情收集与调查、气象观测站与探测环境保护和气象信息员服务典型案例，共 4 章；三是气象及次生灾害防御知识，分为气象基础知识、我国主要气象灾害及防御措施、次生灾害及防御措施和气象灾害预警信号与应急预案，共 4 章。

希望本书能够成为气象信息员开展工作的参考工具，在气象防灾、减灾工作中发挥更加重要的作用。

作者

2023 年 11 月

目录 Contents

前言

1 第 1 章　气象是防灾减灾第一道防线

1.1 防灾减灾第一道防线……2
1.2 气象防灾减灾的成就……4
1.3 气象防灾减灾的重要意义……9
参考文献……11

13 第 2 章　气象信息员的义务与岗位职责

2.1 气象信息员工作的意义……14
2.2 气象信息员基本条件……16
2.3 气象信息员的权益、义务和岗位职责……17
2.4 气象信息员工作流程……17
参考文献……18

19 第 3 章　气象基础知识

3.1 天气、气候与气象基本概念……20
3.2 我国地理与气候概况……21
3.3 影响我国的主要天气、气候系统……25
3.4 重要天气现象……35

3.5 现代气象监测技术 …… 41

3.6 天气预报种类与时效 …… 43

3.7 常见的天气预报术语 …… 46

参考文献 …… 54

57 第 4 章 我国主要气象灾害及防御措施

4.1 气象灾害的基本概念 …… 58

4.2 主要气象灾害及防御措施 …… 59

4.3 农业气象灾害 …… 83

参考文献 …… 93

97 第 5 章 次生灾害及防御措施

5.1 洪水 …… 98

5.2 地质灾害 …… 106

5.3 森林、草原火灾 …… 111

5.4 高温热浪 …… 115

5.5 空气污染 …… 118

参考文献 …… 122

125 第 6 章 气象灾害预警信号与应急预案

6.1 气象灾害预警信号类型与地区特点 …… 126

6.2 气象灾害预警信号分级与时效 …… 127

6.3 气象灾害预警信号的发布与传播 …… 139

6.4 气象灾害应急预案及预警响应 …… 140

参考文献 …… 142

143 第 7 章　气象灾害灾情收集与调查

7.1 灾情收集与调查的意义……144

7.2 气象灾害灾情收集与调查流程……144

7.3 气象灾害收集与调查的主要内容……145

7.4 气象灾害记录说明及报送……146

参考文献……148

149 第 8 章　气象观测站与探测环境保护

8.1 观测站与环境保护信息员职责……150

8.2 不同类别气象观测站释义……150

8.3 气象站维护要求及流程……151

8.4 气象探测环境保护……155

参考文献……159

161 第 9 章　气象信息员服务典型案例

9.1 用实际行动践行“人民至上、生命至上”……162

9.2 顶住广东最强降雨的台山村庄，无人伤亡……164

9.3 用心做好气象知识传递人……166

9.4 关键时刻，充分发挥农牧民气象信息员应对重大气象灾害的重要作用……168

9.5 与风雪赛跑的人……170

9.6 为民服务多面手……172

9.7 扎根基层，筑牢防灾、减灾第一道防线……173

9.8 及时传递气象灾害预警信息，避免重大损失……174

9.9 勠力同心防御台风“卢碧”……………………………………176
9.10 3 小时紧急转移 600 人 ……………………………………178
9.11 气象信息精准发力 助力山区脱贫致富……………………180
9.12 以基层小网格筑牢气象防灾减灾第一道防线…………182
9.13 10 分钟保住千余条生命……………………………………184
9.14 奔走在气象防灾、减灾最前沿的“追梦人” ……………185
9.15 做好贴心气象“传声筒”打通为农服务“最后一公里”‥187
9.16 暴雨中的气象信息员………………………………………188

第1章

气象是防灾减灾第一道防线

1.1 防灾减灾第一道防线

2019 年 12 月在新中国气象事业 70 周年之际，习近平总书记作出重要指示，指出“气象工作关系生命安全、生产发展、生活富裕、生态良好，做好气象工作意义重大、责任重大。广大气象工作者要发扬优良传统，加快科技创新，做到监测精密、预报精准、服务精细，推动气象事业高质量发展，提高气象服务保障能力，发挥气象防灾减灾第一道防线作用，努力为实现中华民族伟大复兴的中国梦作出新的更大贡献。”（庄国泰，2022）。

习近平总书记强调，要健全风险防范化解机制，坚持从源头上防范化解重大安全风险（人民网—中国共产党新闻网，2022）。强化气象灾害防范和风险管理、增强经济社会发展的气候韧性，有助于从源头上防范化解风险。

发挥气象防灾减灾第一道防线作用，是践行以人民为中心发展思想的具体体现。我国地处东亚季风区，受地理位置、地形地貌和气候特征等因素影响，气象灾害种类之多、分布地域之广、发生频率之高、造成损失之重，超过世界上大多数国家。据统计，20 世纪 90 年代我国每年因气象灾害造成的直接经济损失约占国内生产总值（GDP）的 3% ～ 6%，气象灾害对人民生命、财产安全造成了严重影响和威胁。发挥气象防灾减灾第一道防线作用，在保障人民安全福祉中具有特殊的现实意义，需要我们践行以人民为中心的发展思想，牢固树立“人民至上、生命至上”的理念，把人民冷暖记在心上，想人民之所需、急人民之所盼、解人民之所难、保人民之所安。

发挥气象防灾减灾第一道防线作用，是全面建成社会主义现代化强国的重要保障。当前，我们党团结带领全国各族人民实现了第一个百年奋斗目标，正在意气风发地向着全面建成社会主义现代化强国的第二个百年奋斗目标迈进。然而，气象灾害却是我们全面建成社会主义现代化强国征程中面临的重大风险挑战之一。据统计，气象灾害造成的我国年均经济损失占 GDP 比例 20 世纪 90 年代是 3.4%，2021 年是 0.3%；气象灾害造成的死亡和失踪人数“十二五”期间年均约 1300 人，“十三五”降到年均 800 人以下。这一方面表明气象充分发挥了气象防灾减灾第一道防线作用，另一方面也表明，发挥气象防灾减灾第一道防线作用，对于在新发展阶段推进现代化强国建设具有特殊的实践意义，需要我们有效防范化解气象灾害带来的各类风险挑战，最大限度地减轻气象灾害带来的不利影响和财产损失，不断提高经济社会抵御气象灾害的能力和韧性，确保社会主义现代化各项事业顺利推进（中国气象局气象干部培训学院，2022a，2022b）。

发挥气象防灾减灾第一道防线作用，是科学有效应对全球气候变化的客观要求。气候变化不仅是 21 世纪人类生存和发展面临的严峻挑战，也是当前国际政治、经济、外交博弈中的重大全球性问题。世界气象组织（WMO）发布的《2020 年全球气候状况》（State of the Global Climate 2020）（WMO，2021）报告表明，全球变暖仍在持续，影响加剧，2020 年全球平均温度较工业化前水平高出约 1.2 ℃，2011—2020 年是有记录以来最暖的 10 年。2022 年 6 月 13 日至 8 月 30 日，我国中东部地区出现了大范围持续高温天气过程。此次高温事件持续 79 天，有 361 站（占全国总站数 14.9%）日最高气温达到或超过历史极值，为 1961 年有完整气象观测记录以来最强。此次高温天气期间，南方地区大部分区域降水量较常年同期偏少，长江流域气象干旱持续发展，南方地区的江河、库塘蓄水明显减少。重庆涪陵、巴南、北碚、大足、铜梁、开州及四川泸州、贵州赤水等多地爆发山火。持续高温使得能源供应紧张，多地采取限电措施。此外，热射病也逐渐走进大众视线。

在全球变暖的背景下，我国极端天气、气候事件明显增多，强度明显增强，气象灾害的多发性、突发性、极端性日益突出，对自然生态系统平衡、政治经济社会安全和发展的影响愈加凸显。发挥气象防灾减灾第一道防线作用，在气候变化背景下具有特殊的战略意义，需要我们深刻认识把握全球气候变化和气象灾害自身演变规律，增强气象灾害监测、预报、预警能力，同时聚焦碳达峰目标和碳中和愿景，发挥气象作为，积极参与全球治理。

1.2 气象防灾减灾的成就

经过多年的建设和发展，我国气象防灾减灾与服务能力显著提升，已基本形成适应经济社会发展需要的气象防灾减灾与服务工作格局，气象防灾减灾与服务水平跻身世界先进行列。

1.2.1 气象灾害监测越来越精密，夯实气象防灾减灾与服务工作的基础

随着气象防灾减灾系列重大工程的实施，气象部门已基本建成布局适当、运行可靠的综合气象观测系统，可从陆、海、空、天四个维度全方位“捕捉”气象灾害踪迹。截至 2022 年 9 月，我国已建成由 7 个大气本底站、25 个气候观象台、超 7 万个地面自动气象观测站、120 个高空气象观测站、236 部新一代天气雷达、7 颗在轨运行风云气象卫星等组成的综合气象观测系统，雷达监测网规模为世界第一，也是世界上少数同时拥有极轨和静止气象卫星的国家之一。

我国已成功发射 19 颗气象卫星，目前 7 颗在轨业务运行，是世界上在轨气象卫星数量最多、种类最全的国家。风云气象卫星从 10 年前每半小时甚至 1 小时才生成一张云图，空间分辨率为几千米，到如今，产品时、空分辨率最高可达 1 分钟和 250 米，更被世界气象组织纳入全球业务应用气象卫星序列。通过合作建设风云气象卫星海外直收站、加强风云气象卫星数据产品共享等，我国为“一带一路”沿线国家和地区提供风云气象卫星数据服务，目前已覆盖 124 个国家和地区，有 30 个国家注册成为风云气象卫星防灾减灾应急保障机制国际用户，向 42 个国家开通绿色服务通道。风云气象卫星在我国及相关国家气象、海洋、林业、农业、民航以及军事等应用领域发挥了重要作用。

目前，我国乡镇地面气象观测站实现全覆盖。随着地面气象观测业

务全面进入自动化时代，观测频次提高4～8倍，数据量增加5倍以上，数据传输速度优化至秒级。自动气象观测站的广泛布设消除了大量固定气象站的观测盲区，对江河湖泊防汛、山洪地质灾害防治、农业渍涝和抗旱、城市内涝等实现了实时监测，极大地提升了局地气象灾害监测和预警能力（李悦，2022）。此外，由800多个岸基海洋气象观测站（包括海上平台、浮标、海岛、船舶在内的500多个海基海洋气象观测站）以及无人机、风云气象卫星星座组成的海洋气象观测网正在连续提供数据（卢健，2022）。

1.2.2 气象灾害预报越来越精准，做强气象防灾减灾与服务的核心

为适应气象防灾减灾和国家综合防灾减灾的需要，气象部门积极探索发展基于气象灾害影响的预报和基于气象灾害风险的预警，技术水平不断提高。截至2022年9月，我国全球同化预报系统25千米分辨率、可用预报时长10天，区域同化预报系统3千米分辨率，全球气候预测系统45千米分辨率；台风24小时路径预报误差缩小到65千米，台风路径预报和沙尘暴数值预报准确率已达到发达国家的同期水平；24小时晴雨预报准确率、短期气候趋势预测准确率与世界先进水平相当；预报精细化水平进一步提高，灾害性天气落区短期预报时效最长达72小时、最高精细到乡镇（或10千米分辨率）；暴雨预警准确率达到89%，强对流天气预警时间提前至38分钟。在北京2022年冬奥会气象保障服务中，气象部门构建了冬奥气象“百米级”预报技术体系，实现了冬奥山地赛场的0至10天“百米级”网格气象预报，以及冬奥关键点位0至10天定时、定点、定量气象预报，为保障赛事举办提供了有力支撑（张明禄，2022）。

与此同时，我国已经初步建立了极端气候事件监测业务，极端气候事件监测能力、月季气候预测业务能力进一步增强。目前，气候预测准确率评分超过70分，较过去10年提升近5%。建立了水平分辨率为110千米

的全球气候预测模式系统，发展了以数值模式为基础的客观预测方法，为每年的防汛抗旱、森林防火、防沙治沙、粮食增产等工作及时提供了旱涝趋势、沙尘天气趋势、森林火险趋势等专题预测服务（吴鹏，2022）。近年来，气象部门积极与自然资源、林业、水利等相关部门联合开展灾害预报，与自然资源部门初步建立基于致灾临界阈值的中小河流洪水、山洪、地质灾害等气象风险预警业务；与交通运输部门联合开展了高速公路气象预报业务；与农业部门联合开展了农业干旱监测预报、农业有害生物预报、草原火险预报业务；与林业部门联合开展了森林火险气象等级预报、林业有害生物预报业务；与环境保护部门联合开展了沙尘暴、重污染天气预报预警等，取得了良好的效果和社会影响。

1.2.3 气象服务越来越精细，做好气象防灾减灾与服务是关键

建立了分钟级到次季节的气象预报服务业务，初步实现基于任意位置、逐小时滚动更新的精细化、公众化气象服务。围绕人民群众多元化需求，应用大数据、人工智能、云计算、物联网、移动互联等信息技术，建立气象服务用户反馈互动机制和基于位置的精细化气象服务体系。服务产品更加多元化、精细化，基于网格实况和预报产品，形成标准化的公共气象服务产品库，不同时效的百余种公共气象服务产品覆盖人民群众生活的多个领域。制作发布城市环境、交通出行、旅游景区、健康气象、城市运行、海洋及生活指数等 7 大类 40 余种气象服务产品，6 个天气保险产品覆盖全国 300 多个城市，完成全国 2385 个县（区）气象防灾减灾标准化建设，形成基层气象防灾减灾“一本账、一张图、一张网、一把尺、一队伍、一平台”“六个一”基本能力。建成并投入应用国家、省、市、县四级气象灾情上报系统、灾情信息共享平台。打造“中国天气”服务品牌，服务覆盖超 9.6 亿人，公众获取气象服务信息更加便捷、高效。公众气象服务满意度持续提高，2021 年达 92.8 分，创历史新高（中国气象局气象

干部培训学院，2022a）。

1.2.4 气象灾害信息发布能力提升迅速，做好气象防灾减灾与服务工作的核心

近些年来，各级政府大力推进气象灾害预警信息发布能力建设，发布手段不断丰富，发布机制更加完善。作为国家应急指挥平台体系的一部分，国家突发事件预警信息发布系统成立了国、省、市、县四级预警信息发布中心，预警公众覆盖率达 95.1%，预警发布时效 3 ～ 8 分钟，目前实现外交、公安、自然资源、生态环境、交通运输、水利、农业农村、卫生健康、应急管理等 26 个部门预警信息的集中、统一发布，国家突发事件预警信息发布系统成为我国多灾种预警信息汇集与发布的权威平台（叶奕宏，2022）。

气象灾害预警信息发布渠道畅通，手段不断拓展。随着科技发展，由手机短信、电话、电视和网站等传统气象服务逐渐转向微信、微博、手机客户端等新媒体气象服务，实现气象信息全媒体、多时段快速播报。灾害预警信息传播时效由 30 分钟缩短到 5 ～ 8 分钟，预警信息发布公众覆盖率达 90%。

气象灾害预警信息打通了信息传播“最后一公里”，气象部门联合各有关部门、社会机构、企业广泛拓展了农村高音喇叭、乡村电子显示屏、农村气象信息服务站等途径，扩大气象灾害预警信息的覆盖范围，在解决气象灾害预警信息“最后一公里”上发挥了重要作用，基本实现了气象灾害预警信息发布乡镇级全覆盖。

1.2.5 气象灾害风险管理不断拓展，做好气象防灾减灾与服务工作的保障

其主要包括：风险识别，主要有历史灾情收集、灾害监测预报、基于

临界致灾条件和灾害性天气预报的风险评估、灾害风险区划；风险降低，主要涉及灾害预警发布、减灾法制建设、减灾机制建设、提高防灾意识、社区防灾减灾、城市规划气候可行性论证；风险转移，主要通过社会转移和经济转移两种途径，前者如国家建立的各种社会保障和补偿、社会公众捐赠等，后者如天气指数保险、巨灾保险等。因此，气象防灾减灾与服务工作逐步从过去重救灾、轻防灾向防救并重、防御在先的观念转变，推动着气象灾害风险防御关口不断前移。

气象灾害风险普查逐步展开。近年来，在气象部门牵头组织下，以暴雨诱发灾害风险预警为抓手，完成了以县为单位的全国历史气象灾情普查。从 2012 年开始，中国气象局在全国开展了暴雨诱发的中小河流洪水、山洪、地质灾害气象风险预警普查业务，建立了中小河流、山洪沟、滑坡点、泥石流气象灾害基础数据库，作为气象灾害风险评定的标准。

气象灾害风险区划取得新进展。在定量分析各地致灾环境敏感性、致灾因子危险性、承灾体易损性和防灾减灾能力的基础上，利用地理信息系统（GIS）技术，开展暴雨洪涝、冰冻、台风、干旱等气象灾害风险区划工作。

开展气象灾害风险评估工作。在不断完善气象灾害风险信息普查的基础上，各地气象部门根据本地气象灾害风险普查情况，结合本地实际积极开展了各类气象灾害风险预报和评估工作。同时，各地气象部门还积极配合各级政府的决策工作，为重大社会活动提供气象风险评估。此外，对全国公路交通气象灾害风险进行了普查和评估，对进一步加强风险隐患集中区域的治理和防御工作具有重要意义。截至 2022 年 9 月，完成试点“大会战”和 11 个重点县、“一省一县”和“一省一市”等气象灾害风险普查数据成果汇交，全国风险评估区划总体进度超过 90%。同时，国家级、省级探索普查成果应用，在重大气象灾害定量化风险预评估、预警发布标准、极端强降雨及台风风险研判、区域气候可行性论证及人工影响天气作业站点布局等方面屡见成效（叶奕宏，2022）。

1.3 气象防灾减灾的重要意义

气象防灾减灾与气象服务，是人类现代社会降低和避免气象灾害损失的重要途径，是保障人民生命财产安全、稳定经济社会秩序、实现经济社会可持续发展的客观需要。

气象灾害造成的经济损失，一般可分为两类：一类为绝对经济损失，是指在气象灾害发生时不可避免的损失，这部分经济损失在当前科学技术条件下是不可避免的；另一类为相对经济损失，是指在现行科学技术条件下可以避免或减轻的经济损失。针对如何减轻相对经济损失，气象防灾减灾与服务在预防和抗、救气象灾害过程中的作用及其价值主要体现在以下几个方面（姜海如，2007）。

1. 极大地提高气象灾害预防和抗、救决策的科学性

政府对气象灾害预防和抗、救进行决策时，到底在什么时间、什么地点、动员多少力量、采取什么方案，离不开参考气象预报、预警结论。社会个人可以利用气象预报，采取自防、自救措施，以减少经济损失。当气象灾害即将发生时，如果受灾地区的群众提前得知信息，每个具有劳动能力的人，对可能遭受灾害造成经济损失的物质进行抢救，假如人均能挽回 100 元的经济损失，那么能够挽回的经济损失总量就相当可观了；如果充分利用机械设施进行抢救那么挽回经济损失的总量就更加可观。同时，有效利用气象灾害预报、预警信息，可以充分利用有利的天气条件对抗灾资源进行科学调度，节约抗灾救灾成本，因此，短期天气预报、预警产生的经济、社会效益是巨大的。

2. 极大地提高人们抗灾救灾的自觉性，减少盲目性

气象灾害发生尽管有不确定性，但随着现代气象科学技术的发展，对气象灾害的发生和发展可以做到越来越精细地提前预测，比较准确的预测时效可达 3 ～ 5 天，甚至可达 7 ～ 10 天。在这样的时间内，组织实施各

种气象防灾救灾措施，避免气象灾害造成特大或重大人员伤亡和经济损失是有可能的。近些年来，我国管理科学化水平取得了重大进展，对一些重大事项的决策基本建立了科学的决策体系，形成了决策层、智囊层、信息层相互协同的科学决策机制，政府决策的科学理念明显增强，反映在运用气象科学技术成果方面，各级政府都非常尊重气象科学规律，对涉及气象的一些重大决策都要问计于气象部门，避免了决策的盲目性，提高了科学性。

3. 最大限度地发挥各种灾害预防设施和设备的作用

为了防御各种气象灾害，在长期的生产实践中，人们修建了许多气象灾害防御设施，准备了各种抗灾设备和工具，但要充分发挥其应有的作用和效果，就离不开现代气象预报、预警。例如，人们把水库称为水利设施，其蓄水作用要用于防御农业旱灾或保证人们生产、生活用水，但在暴雨洪涝季，水库在抗旱和防汛之间处于两难决策，如果水库腾空防汛保安全，就可能失掉抗旱功能；如果关闸为抗旱或发电蓄水，就可能影响水库安全度汛。随着现代气象预报、预警能力进一步增强，指挥解决水库防汛决策已经有了比较科学的依据，关闸蓄水和开闸泄洪基本可以做到依据气象预报进行科学决策和合理调度，使水库在防汛和抗旱中能够最大限度地发挥其应有的功能。

4. 极大地鼓舞人们抗灾和救灾的斗志

气象灾害预防和抗灾救灾是一个十分复杂的社会过程，也是人类在遵循自然规律的前提下与自然灾害做斗争的过程。一般而言，在遇到特大气象灾害时，如果没有政府组织的抗灾力量，人们往往容易产生天灾不可抗的思想，甚至造成迷信活动盛行，从而动摇人们的抗灾意志。现代气象预报、预警能提前较长时间告诉人们气象灾害可能发生的时间、地点、状况、强度和可能造成的危害，有利于消除人们对气象灾害发生时可能造成的精神恐惧，有利于指导和帮助人们提前有针对性地采取避灾、防灾、抗灾和救灾措施，能极大地鼓舞人们抗御气象灾害的斗志（中国气象局气象干部培训学院，2022b）。

参考文献

姜海如，2007. 气象灾害的危害层次及其防御抗救过程研究 [J]. 暴雨灾害（3）：193-198.

李悦，2022. 我国基本建成全球最大综合气象观测系统 [N]. 中国气象报，2022-09-14.

卢健，2022. 海基观测篇：从“蔚蓝”走向“深蓝”[N]. 中国气象报，2022-09-14.

人民网－中国共产党新闻网，2022. 部署防灾减灾工作习近平要求健全风险防范化解机制 [ED/OL]（2022-05-11）[2022-11-08]. 人民网，2022-05-11. http：//cpc.people.com.cn/n1/2022/0511/c164113-32418981.html.

吴鹏，2022. 完善自主模式摸准气候“脉搏”[N]. 中国气象报，2022-09-15.

叶奕宏，2022. 防灾减灾篇：筑牢防线守护民生福祉//喜迎二十大气象成就 [N]. 中国气象报，2022-09-22.

张明禄，2022. 预报准确率精细度稳步提升 [N]. 中国气象报，2022-09-15.

中国气象局气象干部培训学院，2022a. 气象高质量发展纲要（2022-2035）培训讲义 [Z]. 北京：中国气象局气象干部培训学院 .

中国气象局气象干部培训学院，2022b. 气象防灾减灾培训教材 [Z]. 北京：中国气象局气象干部培训学院：25-26.

庄国泰，2022. 以气象高质量发展服务保障社会主义现代化强国建设 [N]. 学习时报，2022-05-23.

WMO，2021.State of the global climate 2020[R]. WMO-No. 1264. Chair：Publications Board World Meteorological Organization.

第2章

气象信息员的义务与岗位职责

2.1 气象信息员工作的意义

2.1.1 气象信息员的产生

农村、社区、厂矿、学校等基层一直是气象灾害防御工作最薄弱的环节，也是我国气象防灾减灾工作的重点和难点。早在 20 世纪 50 年代，中央气象局召开全国气象工作会议，提出在农村组建民办气象机构。按照“自愿、自建、自管、自用”的原则，在人民公社建立气象哨，在生产队建立气象组，承担观察记载、天气预报传播、灾情收集和开展气象知识普及与宣传等任务，为农业生产服务。可以说，当时气象哨的工作人员就是现在气象信息员的前身（中国气象局应急减灾与公共服务司，2010）。

近年来，中共中央、国务院高度重视基层气象灾害防御工作。2007 年国务院办公厅《关于进一步加强气象灾害防御工作的意见》（国办发〔2007〕49 号）、《关于加强基层应急队伍建设的意见》（国办发〔2007〕52 号）指出，要加强基层综合应急队伍建设，积极创造条件，逐步设立乡村气象灾害信息员，及时传递预警信息，帮助群众做好防灾避灾工作。2007 年年底，中国气象局《关于发展现代气象业务的意见》（气发〔2007〕477 号）中提出“在城市各社区、街道等重点单位设置 1 名气象应急联系人，在各乡镇设 1 名兼职气象协理员，下属每个行政村设 1 名气象信息员”，气象信息员应运而生。通过多年努力，目前我国气象信息员人数达到 65.3 万，实现气象预警信息和气象灾害防御知识到村到户，形成政府主导、社会参与、集约高效、覆盖广泛的气象信息员队伍。

2.1.2 气象信息员建立的必要性和意义

2019 年 12 月 9 日在新中国气象事业 70 周年之际，习近平总书记对气象防灾减灾工作专门作出重要指示，指出“气象工作关系生命安全、生产发展、生活富裕、生态良好，要求广大气象工作者发扬优良传统，加快科技创新，做到监测精密、预报精准、服务精细，推动气象事业高质量发展，提高气象服务保障能力，发挥气象防灾减灾第一道防线作用。”2018 年 7 月国家减灾委办公室、国务院安委会办公室、应急管理部联合发出《关于认真贯彻落实习近平总书记重要指示精神 切实加强汛期安全防范和抢险救灾工作的紧急通知》（国减办电〔2018〕5 号），要求预警信息发布要到村到户到人。建立气象信息员队伍是落实习近平总书记对气象和防汛救灾工作的指示精神重要举措，是做好基层气象灾害防御工作的基石，更是建立“政府主导、部门联动、社会参与”的气象灾害防御体系，解决防灾减灾信息“最后一公里”问题的必要措施。

气象信息员是适应经济社会发展的需要。建立气象信息员队伍，可以将各类突发气象灾害信息及时传递到广大人民群众手中，最大限度地避免和减少气象灾害造成的损失，提升基层组织的防灾减灾能力，对城市发展、新农村建设具有重要意义。

气象信息员是实现气象信息“全覆盖、零距离”传播的重要举措。我国城乡、地区之间发展很不平衡，接收信息服务的条件不一，农村特别是一些偏远地区接收信息的服务条件较差。建立气象信息员队伍，可以“全覆盖、零距离”有效地解决农村信息传递不畅通的问题，帮助群众做好防灾、避灾工作，打通气象防灾减灾“最后一公里”。

气象信息员是加强气象为农服务的重要举措。建立气象信息员队伍，可以实现气象服务与农村实际需求的及时沟通，建立良性的互动机制，为农业生产“量身定做”天气预报，指导农民合理安排生产，使气象服务产品更具针对性。

气象信息员是连接政府和群众的桥梁。气象信息员从基层选拔上来，深入每一个乡镇、村落，是连接广大民众和气象部门的纽带。他们了解负责区域的实际情况，能将防灾减灾知识带入民众的家中，灾后协助民众开展自救，同时也能迅速将灾情反馈给气象部门，协助防灾减灾工作的展开（于莉莉 等，2011）。

2.2 气象信息员基本条件

2.2.1 气象信息员选拔原则

气象信息员作为基层防灾减灾体系的重要组成部分，来源于基层，其选拔应遵循如下基本原则：

（1）在城市街道办事处、社区居委会、企事业单位、学校、车站、医院、水库等重点单位选配 1 名气象信息员；在乡镇和下属行政村各选配 1 名气象信息员。

（2）气象信息员的选配应遵循本人自愿、乡镇政府（城市街道办事处）推荐、气象主管机构审核备案的原则，优先从基层干部、党员、退伍军人、村干部、大学生村官和具有一定文化水平的人员中选用。企事业单位、学校、车站、医院、水库等单位的信息员可由本单位办公室负责人兼任。

2.2.2 气象信息员的基本条件

成为一名合格的气象信息员，需要具备一定的条件，主要包括如下几个方面：

（1）关心气象事业，热心公益事业，积极传播气象信息；

（2）责任心强，具有较强的气象灾害防御组织能力；

（3）长期在责任区工作或居住，和责任区联系较多，熟悉责任区内情况；

（4）身体健康，拥有通信工具和适当的交通工具，能够及时接收、传播气象灾害预警信息，对气象灾情展开调查；

（5）年龄一般在 50 岁以下；无不良记录。

农村气象信息员还应掌握必需的信息收发技能，包括信息捕捉、收集、辨识、集成、服务产品加工、编辑、发送（布）等，最好还能掌握一般计算机应用技能，可上网查找、下载各种信息。

2.3 气象信息员的权益、义务和岗位职责

2.3.1 气象信息员的权益

成为气象信息员后，将享有信息员权益。气象信息员有如下权益：

（1）第一时间获取气象灾害预警信息；

（2）免费参加气象灾害预警信号识别与防御、气象灾害调查方法及其他相关科普知识的培训。

2.3.2 气象信息员的义务和岗位职责

根据中国气象局《关于进一步加强气象信息员队伍建设的指导意见》（气发〔2020〕46 号），气象信息员主要承担以下基本义务和职责：

（1）协助气象主管机构开展气象灾害预警信息的接收和传播；

（2）本区域气象灾情及特殊天气现象的收集和报告；

（3）气象灾害防御知识科普宣传；

（4）承担区域内的应急联络工作。

安徽、四川、陕西、贵州和甘肃等省的农村气象信息员还承担协助传播农业气象知识，为当地农经网收集各类信息的职责；山东等省具有资质的气象信息员还需要协助当地气象主管机构完成气象执法检查，本区域内的雷电灾害防护装置年度安全检测、防雷工程竣工验收等工作。各级气象部门可根据各地实际，细化气象信息员的职责、任务以及本地化工作要求。

2.4 气象信息员工作流程

各级气象业务主管部门根据当地的天气状况实时发布灾害性天气预警信息，气象信息员接收到预警信息后，要采取电话、短信、微信、大喇叭、

敲锣打鼓、逐户通知等方式，第一时间将信息通知到所辖地域的每户居民，并协助和指挥居民做好避灾、救灾工作。如果本次灾害性天气预警发布后当地发生了灾情，气象信息员还要通过实地查看、走访了解进行灾情调查，调查到的气象灾害信息应详细进行记录，如有人员伤亡、重大财产损失时应第一时间通知气象部门，并配合气象部门联合开展调查。同时，气象信息员还要对辖区内特殊天气现象如降水、龙卷、冰雹、雨凇、雾凇等进行观察和记录，并在第一时间将数据告知当地气象主管机构。此外，气象信息员还要做好辖区内气象法律法规、气象科普知识、气象灾害防御知识的普及宣传，尤其是对农民、中小学生等弱势群体的宣传。气象信息员工作流程图如图 2.1。

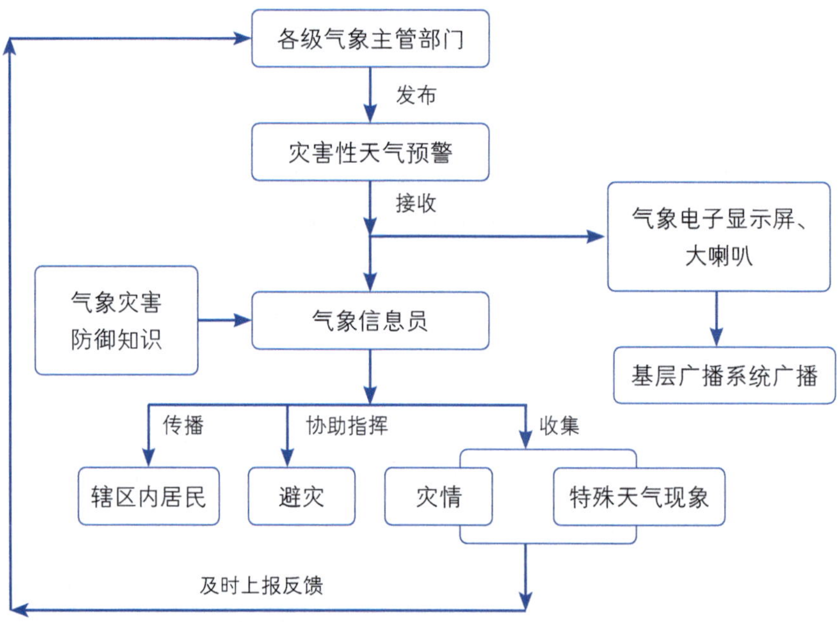

图 2.1　气象信息员工作流程

参考文献

于莉莉，段丽瑶，2011. 建设气象信息员队伍 [J]. 城市与减灾（1）：42-43.

中国气象局应急减灾与公共服务司，2010. 气象信息员队伍发展概况 [N]. 中国气象报，2010-08-06.

第3章

气象基础知识

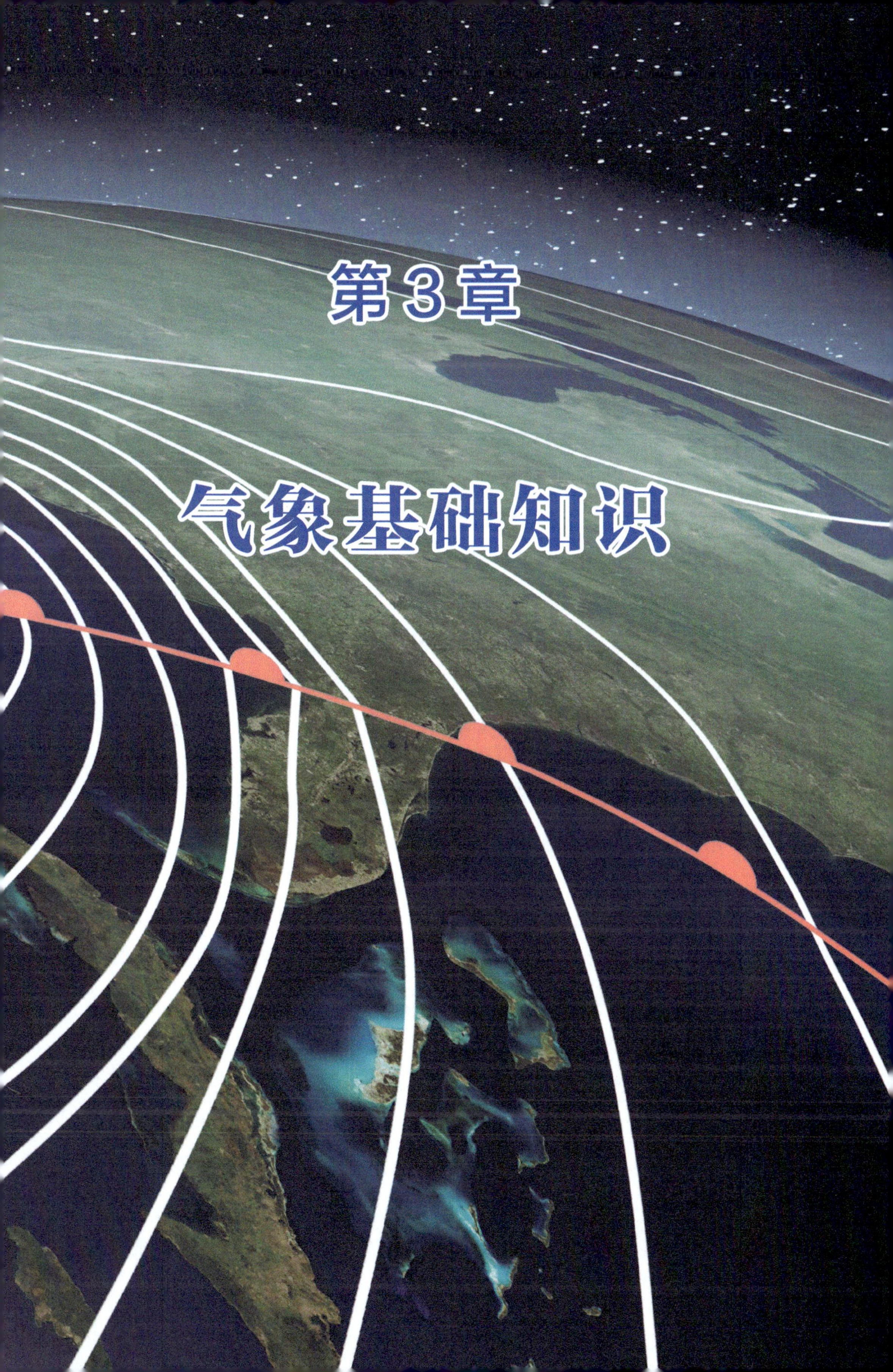

3.1 天气、气候与气象基本概念

3.1.1 基本概念

天气是指某一个地区距离地表较近的大气层在较短时间内的具体状态。通俗来说天气就是指短时间内，几分钟内或者几天内发生在大气中的天气现象，比如雷雨、冰雹、台风、雨雪及阴晴、冷暖、干湿等自然现象。举个例子，我们可以说今天的天气很好啊，阳光正好，不冷不热，还有点微风，很适合出去游玩，这里说的就是天气，指的是短时的天气现象。

气候是一个地区大气长时间的平均状况。通俗来说气候就是指几个月或者几十年内的温度、降水、风、日照等气象要素以及天气过程的统计状况。主要的气候要素包括气温、降水和光照等，比如我们谈论云南昆明的气候时，可以描述为夏无酷暑，冬无严寒，四季如春；这里全年温差较小，市区年平均气温在 15 ℃左右，最热月平均气温 20 ℃左右，最冷月平均气温 9 ℃左右。这里说的就是气候，指一个地区大气的多年平均状况。

气象则是指发生在大气中的物理现象和物理过程，即风、云、雨、雪、雾、雨、霜、雷、雹和霾等的总称。

3.1.2 区别与联系

天气、气候、气象的基本概念是不同的，它们之间既有区别，又相互联系。

天气和气候的区别：时间尺度不同，天气是短时间的，气候是长期的，气候并不影响天气，它只是对长期天气的概述。稳定度不同，天气具有多变性，在同一时间内不同地区的天气不完全一样，同一地区不同时间内的天气也常常不同，而气候则比较稳定。比如我国西南地区夏季气候总的来说是高温多雨，但夏季一天之中的天气可能早上阴天，中午晴天，傍晚雷阵雨，也可能出现同一时间“东边日出西边雨”的天气现象，形成的原因不同，天气由气团锋影响形成，气候则是在太阳辐射、大气环流、下垫面性质和人类活动长时间相互作用下形成的。

天气与气候也存在密不可分的联系，天气是气候的基础，气候是天气的总结和概括。

而天气和气象之间的区别和联系在于，气象包含天气，气象是一个地区、区域、大的范围内天气的概括。而天气是日常的，比如今天天气晴，西南风；有上升气团，寒流等。气象包含的内容很宽泛，不但是天气的变化，例如，它还包含了海洋、陆地等许多项的内容，而天气只是局限的部分。

3.2 我国地理与气候概况

3.2.1 我国的地理概况

我国幅员辽阔，国土面积约为 960 万平方千米，约占亚洲陆地面积的 1/4，仅次于俄罗斯和加拿大，居世界第三位。从海陆位置看，我国位于亚洲东部、太平洋西岸，背陆面海，海陆兼备；从纬度位置看，我国领土南北跨纬度很广，大部分位于中纬度地区，属北温带，南部少数地区位于北回归线以南的热带，没有寒带，只有高山地区才有类似寒带的终年冰雪带。

我国地形复杂多样，平原、高原、山地、丘陵和盆地五种地形齐备，山区面积广大，约占全国陆地面积的 2/3；地势西高东低，大致呈三阶梯状分布。西部有世界上最高的青藏高原，平均海拔 4000 米以上，构成我国地势的第一级阶梯。在此以北以东的内蒙古自治区、新疆维吾尔自治区、黄土高原、四川盆地和云贵高原，是我国地势的第二级阶梯。大兴安岭—太行山—巫山—武陵山—雪峰山一线以东至海岸线多为平原和丘陵，是第三级阶梯。海岸线以东以南的大陆架，蕴藏着丰富的海底资源。

3.2.2 我国的气候概况

我国地域辽阔，西北位于世界最大的大陆——欧亚大陆的腹地，东南濒临世界上最大的海洋——太平洋，西南为世界上最高的高原——青藏高原。极其复杂的地理条件，使我国的气候与世界同纬度的其他国家相比具有强烈的季风性、多样性、大陆性特点。

1. 季风型气候显著

我国处于欧亚大陆的东南部，面对广阔的海洋，海陆之间的巨大热力差异使我国季风气候特点更加明显。我国处于东亚季风区内，盛行风向随季节变化有很大差别，甚至相反。冬季盛行东北风。华北—东北地区为西北风；夏季盛行西南风。我国东部—日本还盛行东南风。冬季寒冷干燥，夏季炎热潮湿、多雨，尤其多暴雨。在热带地区更是只有旱季和雨季之分，我国的华南前汛期、江淮的梅雨及华北、东北的雨季，都属于夏季风降雨。

在东亚季风环流系统和海陆分布的共同影响下，我国的季风气候特征主要表现为西北地区冬季干冷、夏季干热；而东南地区夏季则以湿暖、湿热气候为主，冬季雨水相对较少，但以湿冷为主，控制我国地区的天气和大气环流系统主要包括冬季的蒙古高压、阿留申低压，夏季的印度低压、西北太平洋副热带高压等地面气压系统。在这种气候背景下的主要气候灾害以旱涝灾害为主，有因夏季风降水异常引起的洪涝、干旱以及台风和冬季风控制时期的寒潮等。特别是夏季风盛行时，我国东部地区的天气、气候变化剧烈，包括旱涝的区域变化、降雨异常及年际变化等，其基本气候特征是，平均每年 5 月中旬在华南沿海形成一个雨带，此后逐渐北移至南岭以北，在华南地区出现持续雨期，6 月中、下旬，冷、暖气流在长江流域交绥形成锋面（梅雨锋）和气旋活动。由于鄂霍次克高压的阻塞作用，在长江、淮河流域将维持较为稳定的、持续的降水过程，即“梅雨”。7 月中、下旬，夏季风开始在华北盛行，雨带北移到黄河流域，并稳定于北纬 40 度以北地区，形成华北、东北的雨季。此时，江南地区则因受副热带高压控制，易出现伏旱。同时西南和华南地区由于西南季风前沿的热带天气系统影响又出现大雨带，使华南一年中出现两个汛期。在夏季风活动期间，我国东部还经常受到台风的影响。

2. 气候类型多样性

我国地处世界上最大的陆地——欧亚大陆的东南部，濒临世界上最大的海洋——太平洋，地形复杂，疆土辽阔。我国气候复杂多样，从热量指标上看，我国可划分为以下几个气候带（《中国气象百科全书》总编委会，2016）。

寒温带：我国东部地区最冷的气候带，主要位于大兴安岭北部。≥ 10 ℃的年积温不足 1600 ℃· 日，最冷月 1 月平均气温＜ -30 ℃，年极端最低气温多年平均值在 -44 ℃以下。

中温带：主要分布在东北大部、华北、西北的部分地区。≥ 10 ℃的年积温在 1600 ～ 3400 ℃· 日，最冷月 1 月平均气温在 -30 ～ -6 ℃，年极端最低气温多年平均值在 -44 ～ -25 ℃。

暖温带：分东、西两大块，东部在中温带和北亚热带之间，主要位于华北平原一带地区；西部主要在新疆塔里木、吐鲁番盆地。≥10 ℃的年积温在 3200 ～ 4800 ℃· 日，最冷月 1 月平均气温在 -12 ～ 0 ℃，年极端最低气温多年平均值在 -25 ～ -10 ℃。

北亚热带：其北界是我国重要的气候分界线。主要包括大别山和苏北平原，长江中下游平原，秦巴山地和黔西北、川西南、滇北高原。≥ 10 ℃的年积温在 4500 ～ 5300 ℃· 日，其中云贵高原在 3500 ～ 4500℃· d，最冷月 1 月平均气温在 0 ～ 4 ℃，年极端最低气温多年平均值在 -14 ～ -4 ℃。

中亚热带：主要分布在长江以南与云贵川高原的大部分地区。≥ 10 ℃的年积温在 5100 ～ 6500 ℃· 日，其中云贵高原在 4000 ～ 5000 ℃· 日，最冷月 1 月平均气温在 4 ～ 10 ℃，年极端最低气温多年平均值在 -6 ～ 0 ℃。

南亚热带：位于中亚热带和边缘热带之间。≥ 10 ℃的年积温在 6400 ～ 8000 ℃· 日，其中云南高原在 5000 ～ 7500 ℃· 日，最冷月 1 月平均气温在 10 ～ 15 ℃，年极端最低气温多年平均值在 0 ～ 5 ℃。

边缘热带：主要包括台湾南部山地平原、雷州半岛和海南的低山丘陵、滇南山地。≥ 10 ℃的年积温在 8000 ～ 9000 ℃· 日，其中云南高原在 7500 ～ 8000 ℃· 日，最冷月 1 月平均气温在 13 ～ 18 ℃，年极端最低气温多年平均值在 2 ～ 8 ℃。

中热带： 主要包括琼南低地与东、中、西沙诸岛。≥ 10 ℃的年积温在 9000 ～ 10000 ℃· 日，最冷月 1 月平均气温在 18 ～ 24 ℃，年极端最低气温多年平均值在 8 ～ 20 ℃。

赤道热带： 主要包括南沙群岛。≥ 10 ℃的年积温在 10 000 ℃· 日以上，最冷月 1 月平均气温在 24 ℃以上，年极端最低气温多年平均值大于 20 ℃。

高原亚寒带： 大体在冈底斯山、念青唐古拉山以北、通天河河源以东，包括西藏那曲至青海阿尼玛卿山、青海东南隅；平均海拔 4500 ～ 4800 米，是青藏高原主要牧区之一。该区日平均气温稳定≥ 10 ℃的日数少于 50 天，1 月平均气温在 −18 ～ −10 ℃，7 月平均气温低于 11 ℃。

高原温带： 主要包括青藏高原的东部边缘，金沙江、澜沧江、怒江流域高山峡谷区，中喜马拉雅山以北雅鲁藏布江、拉萨河、尼洋河、年楚河流域有较宽阔的河谷，还有青海湟水、黄河流域。这一带地形复杂，高低悬殊，平均海拔高度 2700 ～ 3700 米，日平均气温稳定≥ 10 ℃的日数在 50 ～ 180 天，1 月平均气温 −12 ～ 0 ℃，7 月平均气温 11 ～ 18 ℃。

高原亚热带： 藏东南为喜马拉雅山南翼外缘低山地区，谷地多在 100 ～ 1000 米。夏季受西南气流影响，降水丰沛，冬季寒冷气流受高大山体阻挡，气候异常温暖湿润，具有亚热带气候的特征。全年日平均气温稳定≥ 10 ℃的日数为 180 ～ 350 天，1 月平均气温高于 0 ℃，7 月平均气温在 18 ～ 24 ℃。

3. 大陆性气候强烈

我国大陆性气候的特征主要表现在“气温的年、日变化大；冬季寒冷，南北温差悬殊；夏季炎热，全国气温普遍较高”。最冷月多出现在 1 月，最冷月平均气温远低于全球同纬度的平均值。年最低气温的多年平均值在我国最北部低于 −45 ℃，而在海南岛却达 11 ℃，相差 50 ℃以上。夏季，我国又是世界同纬度除沙漠干旱地区外最热的国家。最热月几乎都出现在 7 月，我国东部淮河以南月平均气温基本上都在 28 ～ 30 ℃。但是，由于我国气候的大陆性强，最热月平均气温的南北差异远比最冷月平均气温的南北差异小得多。全国气温年较差基本上随纬度升高而增大，黑龙江省大部分地区和新疆准噶尔盆地、吐鲁番盆地年较差都在 40 ℃以上，最大的接近 50 ℃；黄河流域为 30 ℃左右；长江中下游为 20 ℃左右；珠江流域约 15 ℃。平均气温日较差也和年较差一样，愈向西北内陆愈大。大体上淮河—秦岭一线以南小于 10 ℃；往北至华北平原增大到 10 ～ 12 ℃，黄土高原和东北大部分区域为 12 ～ 14 ℃，内蒙古、新疆、青海、西藏等地可达 14 ～ 16 ℃。

3.3 影响我国的主要天气、气候系统

天气系统是指大气中具有一定结构特征，并能引起天气变化的各种尺度的系统，包括气团、锋面、气旋、反气旋、台风、高空槽脊、低空急流等。下面介绍其中几种常见的天气系统（刘红年 等，2019）。

3.3.1 中、高纬度天气系统

1. 气团

气团是指温度和湿度等气象要素分布比较均匀的大范围空气块，其水平尺度由几百千米到几千千米，垂直范围可达几千米到十几千米，甚至伸展到对流层顶。同一气团内由于其物理属性相近，天气现象也大体一致，但不同气团的温度差异较大，在两个不同性质气团交界附近易形成降水天气。

气团的形成必须具有范围大、性质均匀的下垫面，还须有合适的环流条件。

气团的分类若按形成的地理位置分，则有极地气团（又可分为极地大陆气团和极地海洋气团）、热带气团（又可分为热带海洋气团和热带大陆气团），此外，还有中纬度气团，它们主要是来自极地或热带的气团变性而

成。若按热力分类，则可分为冷气团和暖气团。

我国大部分处于中纬度地区，因为缺少气团形成的环流条件，并且没有大范围均匀的下垫面作为气团起源地，因而，活动在我国境内的气团大多是从其他地区移来的变性气团，其中最主要的就是极地大陆气团和热带海洋气团。

冬季我国绝大部分地区受变性极地大陆气团的影响，它的源地在西伯利亚和蒙古国，称为西伯利亚气团。在它的控制下，天气晴朗、寒冷干燥。来自副热带太平洋或我国南海的变性热带海洋气团可影响到华北、华南和云南等地，形成温热、湿润的天气，当它与极地大陆气团相遇时，其交界处常形成阴雨天气，如冬季华南地区的阴雨。北极气团也可南下侵入我国，造成气温剧烈下降的强寒潮天气。

夏季影响我国的气团较多，除变性热带海洋气团和变性极地大陆气团外，来自撒哈拉沙漠、西南亚的热带大陆气团，以及来自印度洋的赤道气团也经常影响我国。夏半年，西伯利亚气团常在我国长城以北和西北地区活动，造成我国大范围的降水，热带大陆气团影响我国西部地区，受它控制会出现严重干旱和酷暑。来自印度洋的赤道气团（季风气团）可造成长江流域以南地区大范围降水。

春季变性的西伯利亚气团和变性热带海洋气团势力相当，互有进退，常造成多变的天气。

秋季变性的西伯利亚气团占主导地位，我国东部地区在单一气团控制下，常出现秋高气爽的天气。冷、暖气团交界地常产生秋雨，雨后地面为冷高压控制，天气凉爽。

2. 锋面

锋面是指界于冷、暖两种不同性质气团之间的狭窄的过渡带。这个过渡带自地面向高空冷气团一侧倾斜。过渡带在近地面的宽度只有几十千米，到高层可达到 200 ～ 400 千米。锋的长度一般可有几百千米到几千千米，垂直方向可伸展十多千米。在这一过渡带里温度变化特别大。

根据锋在移动过程中冷、暖气团所占有的主次地位，可将锋分为冷锋、暖锋、准静止锋和锢囚锋。

冷锋：锋面移动过程中，若冷气团主动推动锋面向暖气团一侧移动，则称为冷锋。冷锋过境，冷空气代替暖空气，气温下降。

暖锋：锋面移动过程中，暖气团推动锋面向冷气团一侧移动，则称为暖锋。暖锋经过时，暖空气代替冷空气，气温将升高。

准静止锋：若冷、暖气团势力相当，则称为准静止锋，锋面的移动十分缓慢或相对静止，则称为准静止锋。

锢囚锋：若冷锋追上暖锋，则会形成锢囚锋。

由于锋是冷、暖气团交界面，空气活动十分活跃，可以形成一系列的云、雨、大风等天气。在我国一年四季都有锋面活动，其中冷锋活动最为频繁，且能在全国广大地区出现。在春、夏之交，往往会有准静止锋活动。锋面活动常常经历着生成、加强、消亡的过程。一般历时 3 ～ 5 天。

3. 气旋与反气旋

气旋（反气旋）是占有三维空间的，在同一高度上中心气压低（高）于四周的大尺度涡旋。在气压场上气旋又称低气压（简称低压），反气旋又称高气压（简称高压）。

气旋根据其形成和活动的主要地理区域，可分为温带气旋和热带气旋两大类。按照气旋的热力结构可分为锋面气旋和无锋面气旋。

一般中、高纬度的气旋大多为锋面气旋，也称为温带气旋，它移动性大，是中、高纬度地区产生大范围云雨天气的主要天气系统。

在我国活动的温带气旋主要有：北方气旋，包括蒙古气旋、东北低压、黄河气旋。南方气旋，包括江淮气旋、东海气旋等。温带气旋的活动往往带来风、雨天气，如东北低压、蒙古气旋，冬季往往在当地造成风、雪天气；而南方气旋在初夏可造成暴雨、大风等激烈的天气现象。

无锋面气旋可分为热带气旋、地方性气旋和冷涡。热带气旋发生在热带海洋上，当风力达到一定程度时，称为台风。

反气旋按其形成和活动的主要地理区域，可分为极地反气旋、温带反气旋和副热带反气旋。其中温带反气旋是指活动于中、高纬地区的冷性反气旋，也叫冷高压。影响我国的冷高压主要来自西伯利亚和蒙古地区，是控制和影响我国天气的、占主导地位的天气系统。夏季冷高压一般较弱，而冬季强大的冷高压南下会给我国广大地区带来剧烈降温、大风、霜冻等灾害性天气。

4. 高压脊

高压脊是高压向外伸出的狭长部分，或在天气形势图上一组未闭合的等压线向气压较低一方突出的部分。在脊中，各等压线弯曲最大处的连线叫脊线。气压沿脊线最高，向两边递减。高压脊内气流辐散下沉，故一般云雨较少。

5. 冷槽

冷槽是指在西风带中，具有明显温度槽配置的西风槽。主要部分为冷舌相配合的低压槽，这类槽容易发展加深，移动较快，常带来复杂多变的天气。

6. 南支槽

南支槽也称副热带西风槽，一般是指 500 百帕南支西风气流上的短波槽，是副热带系统减弱南退、西风带系统建立并维持的产物，它与西风带低压槽东移及受青藏高原大地形阻挡形成的南支系统关系密切。南支槽前对应有辐合上升运动和降水区，槽后则对应辐散下沉气流，天气晴朗。它往往是我国冬季降水尤其是南方降水的关键影响系统。

南支槽一年四季均可能出现，尤以冬半年（12 月至次年 5 月）出现最为频繁。可造成大雨、暴雨、雷暴、冰雹、大风等天气。南支槽的活动主要影响冬季水汽的输送，由于南支槽位于孟加拉湾地区，槽前西南气流可以将孟加拉湾的暖湿空气输送至我国西南和华南等地区。在冬季水汽较少的情况下，为强降水天气提供水汽。当南支槽位置不同时，水汽输送的区域不同，从而导致雨雪天气发生的地区不同。

7. 切变线

切变线是指呈气旋（北半球逆时针方向）性转变的两股不同方向水平气流的分界线。在天气图上，表现为风向的不连续。在天气学中，切变线一般是指低空（850 百帕或 700 百帕）等压面上的天气系统。在切变线上经常存在气流的水平辐合和上升运动，容易产生云雨天气。切变线一年四季均可出现，但以春末夏初最为频繁。春季活动在华南，称为华南切变线；春、夏之交多位于江淮流域，称为江淮切变线；7月中旬至8月主要出现在华北地区，称为华北切变线。切变线上的降水量分布很不均匀，常在辐合较强、水汽供应充沛的地区形成暴雨。

8. 极涡与冷涡

极涡是位于南、北极区对流层中、上层和平流层的持续性大尺度气旋性环流，其中心活动范围通常位于两极及其附近地区，它的活动和变化会影响中纬度的天气、气候。北半球，由于海陆分布的不均匀，极涡中心通常会偏离北极中心，从而偏向欧亚大陆或北美大陆使得这些地区降温偏冷；南半球则由于海陆分布比较均匀，极涡中心几乎不出现偏心现象，并且根据极涡中心的分布特征，一般将其分为绕极型、偶极型、偏心型和多极型四种类型。

（1）绕极型：北半球只有一个极涡中心，位于北纬80度以北的极点附近的环流。

（2）偏心型：在北半球只有一个极涡，但中心位于北纬80度以南，整个半球呈不对称的单波型，有位于西伯利亚东部到阿拉斯加暖脊，欧亚大陆高纬度为一个椭圆形冷涡。

（3）偶极型：极涡分裂为两个中心，中心分别位于亚洲北部和加拿大，整个北半球高纬度环流呈典型双绕极。

（4）多极型：北半球有3个或3个以上极涡中心，整个北半球形成三波或多波绕极分布，波槽的位置与冬季平均大槽的位置接近。

冷涡是“冷性低涡”的简称，是来自高纬度地区的一种“中心温度低于四周同高度的低涡”，其强度随高度的升高而增强。东北冷涡是我国最具代表性的冷涡系统，地处大兴安岭及蒙古高原东侧的东北大平原上空。极锋急流及副热带锋区急流经常东西向横贯其南部，青藏高原的热源常常随西南气流向其西部输送较强的暖空气，暖空气切断极地来的冷空气，而这被切断的冷气团就形成了东北冷涡。

3.3.2 低纬度天气系统

1. 副热带高压

在南、北半球副热带地区，各有一个沿纬圈分布的强高压带，即副热带高压带。副热带高压受海陆分布的影响，常断裂成若干个高压单体，这些单体统称为副热带高压（简称副高），例如太平洋高压、印度洋高压等。

影响我国的副热带高压主要是北太平洋副高向西伸出的脊，即西太平洋副热带高压脊，因此副高的变动实际是指伸向我国大陆的高压脊的变动。副热带高压常年存在，但其强度和位置是随季节而变化的。西太平洋高压脊位置的季节变化与我国大陆上雨带的季节位移基本一致。从冬到夏，高压脊由南往北移动，通常降雨带位于副高脊线以北约 5 ～ 8 个纬度。每年 2—4 月，副高脊线稳定在北纬 18—20 度时，我国华南地区出现连续低温阴雨天气。6 月副高脊线北跳越过北纬 20 度，稳定在北纬 20—25 度，降水带位于长江下游和日本一带，正是梅雨季节开始的时期。由于每年副高的势力强弱不同，北进快慢有别，梅雨期的长短和入梅、出梅的时间早晚都存在很大差异。梅雨可以出现在 5—7 月的各个时段。出现在 5 月的梅雨称为早梅雨，出现在 6—7 月的梅雨称为正常梅雨。一般在 6 月中旬前后入梅，7 月上旬出梅，梅雨期平均约 20 天。到 7 月，副高脊线再次北跳，降雨带从长江流域推移到黄淮流域。长江中、下游的梅雨结束，开始受西太平洋副高控制，天气变得炎热少雨。如果副高强大，控制时间长久，将造成严重干旱。从 7 月底到 8 月初，高压脊线进一步越过北纬 30 度，雨带也北移至华北、东北一带。9 月上旬，高压脊线开始向南回撤，雨带也自北向南移动（姜世中，2020）。

2. 热带气旋

热带气旋是发生在热带或副热带洋面上的低压涡旋，是一种强大而深厚的热带天气系统。台风属于热带气旋的一种。我国把南海与西北太平洋的热带气旋按其底层中心附近最大平均风力（风速）大小划分为 6 个等级，其中中心附近风力达 12 级或以上的，统称为台风。

影响我国的台风主要发生在西北太平洋。每年5—11月台风都有可能在我国登陆，但12月至次年4月则少有台风在我国登陆。在我国登陆的台风平均每年7.4个，最多的是华南沿海，其次是华东沿海。7—10月是台风活动的集中时期，8月和9月最多，往往也最强。台风登陆我国的地点也随季节而不同，一般5月和11月只有少数台风登陆海南、广东。6月、10月，台风通常在海南、广东、台湾、福建和浙江一带登陆。7—9月，我国沿海从广西、海南、广东向北直到辽宁都可能有台风登陆。

3. 西南季风

由于大陆与邻近海洋之间存在的温度差异而形成大范围盛行的、风向随季节有显著变化的风系，具有这种大气环流特征的风被称为季风。受季风支配的区域里的气候又被称为季风气候，季风气候区一般夏季受海洋气流影响，冬季受大陆气流影响，主要特征为冬干夏湿。

西南季风是风向为西南的夏季季风，是由南半球的东南季风随气压带、风带的季节性位移而跨越赤道，受地转偏向力右转而形成的，主要盛行于南亚和东南亚一带。印度夏季季风为西南季风的典型代表。印度季风是亚洲季风系统的重要组成部分，印度季风不仅控制了我国西南地区的降水，而且还可能通过输送来自印度洋的大量水汽影响整个东亚地区，对东亚地区的干旱与洪涝灾害产生直接影响。

4. 热低压

热低压是指中心气温高于四周的低压。它是近地面的浅薄而不大移动的暖性气压系统，强度向上减弱，其上空可以是高压或其他天气系统。按其形成过程，通常可分为地方性热低压和锋前热低压两种。

地方性热低压是单纯由于近地面层空气受热不均匀而形成的。一般出现在暖季大陆上。这种热低压的强度有明显的日变化，夜间和早晨地面温度较低，热低压较弱，有时甚至消失，白天随着地面温度的升高，热低压逐渐增强，到午后达到最强，傍晚又随着地面温度的下降而减弱。由于下垫面非绝热加热的高度有限，热低压较浅薄，厚度一般在1.5千米以下。

锋前热低压出现在冷锋前的暖区里。其成因除局地受热不均之外，主要是冷锋前的暖区上空有暖平流，引起地面降压。当热低压上空暖平流继续存在或增强时，热低压将继续增强，反之，就会减弱。

热低压四季均可能出现，尤其在夏季最多，初秋次之，冬季最少。在我国多出现在西北、西南地区，地方性热低压最易出现在沙漠地区及盆地，如塔里木盆地和柴达木盆地。

5. 东风波

东风波指的是热带地区低空信风和高空东风气流中由东向西移动的一种波状扰动，属热带天气系统。其具体表现为副热带高压偏向低纬度一侧的东风气流在自东向西运动时，常存在的一个槽或气旋性曲率最大区，因其呈波状形式自东向西移动并活动在东风气流中，故泛称为东风波。

东风波所经过的地方一般伴有降水和阴雨天气，我国夏、秋季东南沿海一带常受来自太平洋的东风波影响。东风波的发展往往可促使台风的发生，它是热带地区研究得较早和较多的天气系统之一。

3.3.3 我国的寒潮和雨季降水天气过程

1. 寒潮

寒潮天气过程是指一种与强大冷高压相伴随的大规模的强冷空气向中、低纬度侵袭，造成大范围剧烈降温和偏北大风，气压猛升、温度锐降的一种灾害性天气过程。根据国家标准《冷空气等级》(GB/T 20484—2017)的规定，凡一次冷空气入侵后，日最低气温 24 小时内下降 8 ℃及以上，或 48 小时内下降 10 ℃及以上，或 72 小时内下降 12 ℃及以上，并且日最低气温下降到 4 ℃或以下时，可认为寒潮发生。长江中下游及以北地区，48 小时内降温 14 ℃以上，长江中下游最低气温达到 4 ℃或以下，并且陆地上有 3 个大区出现 5～7 级大风，海上有 3 个海区伴有 6～8 级大风的，也称为寒潮。寒潮地面天气系统主要有冷高压和寒潮冷锋。高空天气系统主要有极涡和阻塞高压。

我国冬半年全国性寒潮平均每年有 3～4 次，还有约 2 次仅影响长江以北的北方寒潮和长江以南的南方寒潮。全国性寒潮一般于 9 月下旬开始，到次年 5 月结束。春季的 3—4 月和秋季的 10—11 月是寒潮和强冷空气活动最频繁的时段。隆冬时节，冷空气虽活动频繁，但天气形势变化较小，南下的冷空气一般达不到寒潮强度。一次寒潮天气过程一般为 3 ～ 4 天，有时也可能长达 7 ～ 10 天。

寒潮天气复杂多变，在不同季节和不同地区的寒潮天气也不尽相同。冬季，寒潮天气最突出的表现是大风和剧烈降温。其他天气如沙尘暴、降水、霜冻、冻雨等是否出现，则视地区和天气形势而定。春、秋季的寒潮一般带来大风和降温天气，由它引起的终霜、初霜和霜冻对农业生产威胁很大。春季，寒潮在北方常带来扬沙和沙尘暴，使空气浑浊、能见度下降，对交通和人体健康都有不利影响。在长江流域以南常常伴有雨雪，有时还会出现雷暴与冰雹等灾害性天气。

2. 江淮梅雨天气过程

我国各地的雨季一般始于夏季风爆发，终于夏季风撤退，绝大部分地区的雨季都集中在夏季。每年 6—7 月，雨带推移到长江流域以后，在江淮之间摆动 1 个月左右，形成连阴雨天气，这就是长江中下游地区的梅雨季。

梅雨天气过程的主要特征是雨量大、雨日多、湿度大、云量多、日照少，降雨多具连续性，时有阵雨和雷暴，并且常常是大雨或暴雨。我国的梅雨主要发生在宜昌以东，北纬 26—34 度的江淮流域。从多年平均来看，一般是 6 月中旬入梅，7 月上旬出梅。

3. 华南前汛期降水

华南地区包括广西、广东、福建和海南四省（区），均属于热带季风气候区，是我国年平均气温最高、雨期长（4—10 月）、雨量最充沛的区域。分为华南前汛期（4—6 月）和华南后汛期（7—10 月）两个雨季。华南前汛期降水主要发生在副热带高压北侧的西风带中，4 月初降水量开始缓慢增大，5 月中旬雨量迅速增大进入华南前汛期盛期。5 月中旬的大雨带位于华南北部，主要是北方冷空气侵入形成的锋面降水。5 月中旬后受东亚季风影响，雨带移至华南沿海，降水量增大。华南前汛期每年平均有 19 场暴雨，暴雨过程一般持续 1 ～ 3 天，广东省的暴雨持续天数和强度均比广西、福建大，特别是广东沿海地区，平均 2 ～ 4 天的暴雨量可达到 800 ～ 1000 毫米。华南前汛期的夜雨现象也非常明显，一般是 23 时至次日 05 时降水量最大。

4. 华北、东北汛期降水

7 月中旬—8 月下旬，我国雨带位于华北和东北地区，形成华北、东北雨季，即汛期。它与其他雨季有着显著不同的特征：降水强度大，持续时间短；降水时段集中，比如华北地区降水 80% ～ 90% 出现在 6—8 月，东北地区暴雨多集中在 7 月中旬至 8 月中旬；降水的局地性强，年际变化大；暴雨与地形关系密切，华北、东北暴雨主要出现在山脉的迎风坡和山区（姜世中，2020）。

5. 华西秋雨

华西秋雨是我国西部地区秋季多雨的特殊天气现象。它主要出现在四川、重庆、贵州、云南、甘肃东部和南部、陕西关中和陕南、湖南西部、湖北西部一带。其中尤以四川盆地和川西南山地及贵州的西部和北部最为常见。华西秋雨一般出现在 9—11 月，最早出现日期有时可从 8 月下旬开始，最晚在 11 月下旬结束。平均来讲，华西秋雨降雨量一般多于春季，仅次于夏季，在水文上则表现为显著的秋汛。秋雨的年际变化较大，有的年份不明显，有的年份则阴雨连绵，持续时间长达 1 个月之久（王春学 等，2015）。

6. 我国的其他地区的连阴雨天气

每年 3—4 月，在我国长江中下游地区往往会出现持续 5 ～ 7 天或 10 天以上的阴雨天气，称为长江中下游春季连阴雨。一般降水强度不大，但温度低，故称低温阴雨天气，是由准静止锋造成的。我国其他地区的连阴雨，也都是在比较稳定的大的环流形势下，冷、暖空气活动所造成的，如西南地区的秋季连阴雨是由昆明准静止锋造成的，西北地区冬季的连阴雨雪是由于西南气流在青藏高原东部低层冷空气垫上活跃而形成的，华北地区冬半年的连阴雨雪是由于高空小槽在低层的回流冷空气上东移而形成的。

3.4 重要天气现象

天气现象指在一定的天气条件下，发生在大气中、地面上的降水、水汽凝结（华）、水汽冻结、视程障碍、雷电、光、风及其他物理现象。其中，地面凝结现象指在地面或地物上产生水汽凝结（华）的天气现象。视程障碍现象指影响气象能见度且其强度与气象能见度直接相关的天气现象。天气现象共分为以下 34 种（全国气象仪器与观测方法标准化技术委员会，2017）。

降水现象分为 11 种：雨、阵雨、毛毛雨、雪、阵雪、雨夹雪、阵性雨夹雪、霰、米雪、冰粒、冰雹。

水汽凝结（华）及冻结现象分为 8 种：雾、轻雾、露、霜、雾凇、冰针、结冰、雨凇。

大气尘粒现象分为 5 种：烟幕、霾、扬沙、浮尘、沙尘暴。

风的现象分为 4 种：大风、飑、龙卷、尘卷风。

雷、电、光现象分为 3 种：雷暴、闪电、极光。

其他现象分为 3 种：吹雪、雪暴、积雪。

下面对一些特殊的天气现象，如雪、冰雹、大风、龙卷、雨凇、雾凇、雷电、沙尘暴等作一个简要介绍。

雪：固态降水，大多是白色不透明的六出分枝的星状、六角形片状结晶，常缓缓飘落，强度变化较缓慢，温度较高时多成团降落（图 3.1）。

图 3.1　雪

冰雹：坚硬的球状、锥状或形状不规则的固态降水，雹核一般不透明，外面包有透明的冰层，或由透明的冰层与不透明的冰层相间组成，大小差异大，大的直径可达数十毫米，常伴随雷暴出现（图 3.2）。

图 3.2　冰雹

我国各地每年都会受到不同程度的雹灾，尤其是北方的山区及丘陵地区，青藏高原东部、云贵高原一带，地形复杂，天气多变，冰雹多，受害重，对农业危害很大（图 3.3）。猛烈的冰雹打毁庄稼，损坏房屋，人被砸伤、牲畜被砸死的情况也常常发生；特大的冰雹甚至比柚子还大，会致人

图 3.3　甘肃陇南雹灾现场，农作物受损严重（民政部，2017）

死亡、毁坏大片农田和树木、摧毁建筑物和车辆等，具有强大的杀伤力。雹灾是我国严重的自然灾害之一，比如2020年6月25日，河北保定多个地区突降冰雹，不仅农作物被毁，数辆汽车车顶也被砸烂。

大风：瞬间风速达到或超过17.2米/秒（或目测估计风力达到或超过8级）的风。

龙卷：一种小范围的强烈旋风，从外观看，是从积雨云底盘旋下垂的一个漏斗状云体。有时稍伸即隐或悬挂在空中；有时触及地面或水面，旋风过境，对树木、建筑物、船舶等均可造成严重破坏（图3.4）。

图3.4 龙卷

龙卷主要发生在中纬度地区，我国受季风影响突出，国土大部分在中纬度地区，常常发生冷、暖空气激烈对峙的局面，但因地形崎岖，山地众多，龙卷灾害在全球并不突出。与此相对应，平原面积广大且连成一体的美国，是世界上龙卷灾害最严重的国家，过去10年，每年平均产生1274次龙卷。相比之下，我国对龙卷的追踪尚不健全，目前中央气象台已有登记制度，佛山市龙卷研究中心也有相关登记。龙卷在我国虽不算常见的灾害，但每年基本都有龙卷（灾害）发生，发生较多的地域是东南沿海，多发生在长江中下游平原地区，平原多于山区，华南地区发生较多。比如，苏北平原，华北和东北平原、长三角地区曾经也是高发地区。龙卷灾害发生的破坏程度极大，比如2021年5月14日，苏、鄂两省局部地区遭到龙卷袭击；当日18时50分至19时05分，苏州市盛泽镇出现了EF3级龙卷（风速218～266千米/小时），中心最大风力一度达到了17级；有报道指出，当地一辆载重2吨的重型货车甚至被龙卷吹走。同日20时39分，武汉市蔡甸区奓山片区、武汉经开区军山片区突发EF2（风速169～225千米/小时）级龙卷（图3.5）。

图3.5　2021年5月14日武汉蔡甸区发生龙卷（张畅，2021）

雨凇：过冷却液态降水碰到地面物体后直接冻结而成的坚硬冰层，呈透明或毛玻璃状，外表光滑或略有隆突（图3.6）。

图3.6　雨凇（胡登淦 等，2018）

雾凇：空气中水汽直接凝华，或过冷却雾滴直接冻结在物体上的乳白色冰晶物，常呈毛茸茸的针状或表面起伏不平的粒状，多附在细长的物体或物体的迎风面上，有时结构较松脆，受震易塌落（图 3.7）。

图 3.7　雾凇

结冰：指露天水面（包括蒸发器的水）冻结成冰。

雷电现象：是天空中的一种放电现象，包括雷暴、闪电（图 3.8）。

图 3.8　雷电（赵彦，2018）

雷暴：为积雨云云中、云间或云地之间产生的放电现象，表现为闪电兼有雷声，有时亦可只闻雷声而不见闪电。雷暴是一种灾害性天气，会引起雷击火险（图 3.9），期间常伴有大风、冰雹，大风会刮倒房屋，拔起大树，农作物也会遭遇冰雹袭击而损失严重，甚至颗粒无收。每年各地老百姓遭受雷暴袭击的事件时有发生，比如 2022 年 5 月 28 日，四川石渠县 7 村民上山挖虫草遭雷击身亡。雷暴这种灾害性天气不能不引起大家的重视。

图 3.9　雷电击中变电器，六间民房变成火海（毛元奇 等，2014）

闪电：为积雨云云中、云间或云地之间产生放电时伴随的电光，但不闻雷声。

沙尘暴：由于强风将地面大量尘沙吹起，使空气很混浊，气象能见度小于 1.0 千米的天气现象。沙尘暴是干旱区常见的一种自然现象，是影响我国北方广大地区的一种灾害性天气，多发生在春季。比如 2021 年 3 月 15 日，沙尘暴再度侵扰北京，09 时北京城区空气中 PM_{10} 浓度一度“爆表”，高达 8100 微克 / 米^3（图 3.10）。

图 3.10　沙尘暴（王晓，2022）

3.5 现代气象监测技术

现代气象监测系统是气象监测业务体系的重要组成部分，是提升公共气象服务能力和提高气象预报、预测准确性的重要基础。为了进一步强化气象监测、预报、预警，气象部门利用各种高科技手段，充分应用气象卫星、雷达和智能网格预报等现代化装备和技术，进行空、天、地一体化气象监测、预报，风云气象卫星、天气雷达、自动气象站等八大类观测设备实现全覆盖，观测数据经过多源融合、同化等技术处理，通过人工智能、大数据识别等技术手段，可以对冰雹、雷暴、大风、强降水等天气过程进行实时精准监测和预警，做到重大灾害性天气监测不漏网、预报不失误、服务无疏漏，为防汛救灾和人民群众避灾、避险提供有力支撑。

以下简单介绍常见的几种现代气象监测技术。

气象卫星：我国的气象卫星为风云气象卫星。气象卫星是从太空对地球及其大气层进行观测的人造地球卫星，是卫星气象观测系统的空间部分。

卫星所载各种气象遥感器，接收和测量地球及其大气层的可见光、红外和微波辐射，以及卫星导航系统反射的电磁波 ，并将其转换成电信号传送给地面站。地面站将卫星传来的电信号复原，绘制成各种云层、风速风向，地表和海面图片，再经进一步处理和计算，得出各种气象资料。气象卫星观测范围广，观测次数多，观测时效快，观测数据质量高，不受自然条件和地域条件限制，它所提供的气象信息已广泛应用于日常气象业务、环境监测、防灾减灾、大气科学、海洋学和水文学的研究。气象卫星也是世界上应用最广的卫星之一。

天气雷达：是气象雷达的一种，是监测和预警强对流天气的主要工具，常规天气雷达的探测原理是利用云、雨目标物对雷达所发射电磁波的散射回波来测定其空间位置、强弱分布、垂直结构等。新一代多普勒天气雷达除能起到常规天气雷达的作用外，还可以利用物理学上的多普勒效应来测定降水粒子的径向运动速度，推断降水云体的移动速度、风场结构特征、垂直气流速度等。新一代多普勒天气雷达可以有效地监测暴雨、冰雹、龙卷等灾害性天气的发生、发展；同时还具有良好的定量测量回波强度的性能，可以定量估测大范围降水；多普勒天气雷达除实时提供各种图像信息外，还可提供对多种灾害性天气的自动识别、追踪产品。 新一代多普勒天气雷达在灾害性天气监测、预警方面发挥着不可替代的作用。我国已建成的新一代多普勒天气雷达主要分 S、C 两种波段，S 波段雷达主要分布在沿海地区及主要降雨流域，C 波段雷达主要分布在内陆地区。

自动气象站：指在某一地区根据需要建设的能够自动探测多个要素，无须人工干预即可自动生成报文，定时向中心站传输探测数据的气象站。布设自动气象站是弥补人工气象观测空间区域上气象观测数据空白的重要手段，能够用于对风速、风向、降水量、气温、空气湿度、光照强度、土壤温度、土壤湿度、蒸发量、大气压力等十几个气象要素进行全天候现场监测。可以通过专业配套的数据采集通信线与计算机进行连接，将数据传输到计算机气象数据库中，用于统计分析和处理。自动气象站在精密监测、精准预警、科学调度、防汛救灾等方面持续发挥重要作用（孟昭辉 等，2009）。

3.6 天气预报种类与时效

天气预报是根据气象观（探）测资料，应用天气学、动力学、统计学的原理和方法，对某区域或某地点未来一定时段的天气状况做出定性或定量的预测。24 小时天气预报的准确率大概在 80% 以上，准确地预报天气一直是大气科学研究的一个重要目标（伍荣生　等，2007）。

天气预报为什么不能百分之百的准确呢？天气预报属于预测科学，从科学规律讲，预测科学不可能完全准确或者永远准确，天气预报也同样如此。基于现在的科技水平以及对整体大气，甚至对现在整个气候系统的了解程度，决定了我们的天气预报不可能完全准确。这是目前的科学技术水平决定的，包括气象科研水平、对整个大气运动规律的认知程度、技术水平、装备水平，还需要有更强大的超级计算机，观测站网还需要更加密集，同时还需要雷达、卫星等特种观测手段来进行探测，当然也还需要更多的国际合作。大气是无国界的，所以需要全球的气象工作者共同努力来提高气象预报的准确率。

目前制作天气预报主要采用天气学预报方法（或称天气图方法）、统计学预报方法和动力学预报方法（又称数值预报方法），以及由这三种基本预报方法相互结合形成的天气 - 统计预报方法、动力 - 统计预报方法和天气 - 动力预报方法等。

3.6.1 天气预报方法

下面简要介绍现代天气预报的制作流程，包括 3 个环节：气象观测、预报预测、预报产品发布。每个环节对于最后的预报结果都至关重要。

气象观测：为天气预报提供最基础的数据。目前我国已基本建成全球最大的综合气象观测系统。综合气象观测系统是由地基、空基、天基气象观测系统有机结合、优势互补构成的全面、协调和可持续的集成系统，可对地面、高空乃至空间范围内的大气圈和相关圈层的状态及其变化过程开展长期、连续、系统的观测。截至 2022 年，我国已建成由 7 个大气本底站、25 个气候观象台、超 7 万个地面自动气象观测站、120 个高空气象观测站、236 部新一代天气雷达、7 颗在轨风云气象卫星等组成的综合气象观测系统，雷达监测网规模为世界第一，也是世界上少数同时拥有极轨和静止气象卫星的国家之一。

预报预测：有了基础的观测数据，下一步就是将这些观测数据通过高速计算机通信网络传递汇集，输入到高性能的计算机进行运算，求解描写天气演变的方程组，未来天气很快就被“算”出来（数值天气预报）。计算机将数据进行处理，得到天气图表等各类图表，供预报员进行分析使用。天气预报员通过分析天气图和数值预报，研究各类天气图表，结合气象卫星、雷达探测及自动气象站观测资料进行综合分析研判后，做出未来不同时段的天气预报。

预报产品发布：根据天气预报结论，制作成不同形式的预报产品，通过电视、微博、微信、网站、客户端等新媒体发布。这就是大家收看、收听到的天气预报了。

3.6.2 天气预报时效

天气预报中对时间的概念有明确的规定，我国气象部门发布的天气预报时间用语是以北京时为准。如气象上的一天指前一日的 20 时到当日的 20 时，白天是指当日 08 时至 20 时，晚上是指当日 20 时至次日 08 时。另外，天气预报还有一个重要的时间概念，那就是预报的有效起始时间。例如：在早晨收到的天气预报，从 08 时开始生效；在下午或晚上收到的天气预报从 20 时开始生效。

预报时效是天气预报的有效期限。目前天气预报可按其预报时效划分为短时临近天气预报、短期天气预报、中期天气预报、延伸期天气预报、长期天气预报。

短时临近天气预报：指对未来0～12小时天气过程和气象要素变化状态的预报。其工作重点是短时强降水、冰雹、雷雨大风、龙卷、雷电、大雾等灾害性天气的监测、预报、预警。预报的内容主要包括基本气象要素（降水、气温、风、相对湿度、能见度、云量等）预报和灾害性天气落区（类型、时段、强度、影响区域）预报（《短时临近天气业务规定》气办发〔2017〕32号）。

短时强降水一般是指1小时降水量大于或等于20毫米的降水，内蒙古、西藏、甘肃、宁夏、新疆、青海6省（区）气象局结合实际自行确定短时强降水标准。

冰雹天气一般指降落于地面的直径大于或等于5毫米的固体降水过程。

雷雨大风指平均风力大于或等于6级、阵风大于或等于7级且伴有雷雨的天气。

短期天气预报：指未来3天的逐日天气预报，其内容是对常规气象要素的预报，其中0～12小时的预报称为超短期预报。目前各地气象部门发布的短期天气预报主要包括以下预报内容：天气状况，降水的种类、性质、强度，其他重要天气或灾害天气现象，风，气温等基本气象要素。

中期天气预报：指4～10天的天气预报。目前气象部门发布的中期天气预报主要有旬天气预报、一周天气预报以及逐日滚动4～10天天气预报等。各旬天气预报主要预报旬平均气温、旬降水量、主要天气过程以及可能会出现的气象灾害，并提出相关产业如农业、畜牧业、林业、水产养殖业等应采取的相应策略和措施；周预报主要预报一周每日天气状况及降水情况、气温变化趋势等；逐日滚动4～10天天气预报主要预报每天的天气状况及天气过程等。

延伸期天气预报：指中期预报的延伸，是10～30天期间的天气过程预报，在预报内容方面与中、短期天气预报一样；与长期预报主要预报气象要素的气候值和趋势不同。

长期天气预报：指月、季、年内的天气预报。由于时间长，主要是预报天气趋势以及相关月、季、年气候值。逐月预报主要是抓住当月的天气、气候特征，预报主要晴雨时段、月总降水量、月平均气温等，并分析可能出现的有利天时或灾害，提出科学的应对策略。还有农事关键期的预报，如春耕、春播期（3—4 月）预报，应预报出冷、暖年趋势，日平均气温稳定通过 10 ℃的日期，主要冷空气或阴雨过程，可能出现烂种、烂秧（死苗）的时段，平均气温、总降水量等气候预测值，并有针对性地提出农业技术措施。又如汛期（5—9 月）天气预报，除预报各月（含梅雨期）的降水量、气温气候预测值外，还应预报干旱、洪涝等趋势，农业上要考虑早稻、中稻、棉花、油菜等作物关键生育时期（如早稻孕穗至抽穗扬花期）的高、低温，芒种寒、秋寒灾害的可能性，洪涝、旱涝、干旱可能发生时段以及区域等。

从站点到格点，初步建立无缝隙智能网格预报产品体系。我国基本实现天气预报业务产品从离散站点或落区到数字格点的转变，逐步实现全国 10 千米向 5 千米空间精细化、常规要素向包含灾害天气和环境要素等全要素、短中期向涵盖短时临近和延伸期的无缝隙、中国区域向全球拓展的空间全覆盖的现代化气象业务大发展，初步建立分钟级滚动临近预报、逐小时更新短时预报、定时短中期预报和逐日延伸期预报业务体系。截至 2022 年，形成全国 5 千米分辨率 0 ～ 30 天的逐 1 小时 /3 小时 /12 小时、全球 10 千米分辨率 0 ～ 10 天逐 3 小时的预报产品体系，建成国家级、省级气象部门共织一张“网”的业务流程。

3.7 常见的天气预报术语

3.7.1 常规的天气预报要素

常规的天气预报要素包括：天气状况，降水的种类、性质、强度，其他重要天气或灾害天气现象，风，气温等基本气象要素。

1. 天气状况

天气状况主要是对天空的总云量或低云量多少及其变化情况进行预报，如晴、少云、多云、阴等。云量是指天空被云遮蔽的部分占整个天空的比例，用“成数”表示，通常整个天空表示为10成，总云量则是某一时刻天空被所有的云遮蔽的成数，低云量是某一时刻天空被低云族的云所遮蔽的成数。

晴天：低云量（0～2成）或总云量（0～3成），或者两者同时出现；

少云：低云量（3～5成）或总云量（4～5成），或者两者同时出现；

多云：低云量（6～8成）或总云量（6～9成），或者两者同时出现；

阴天：低云量大于8成或总云量10成，或者两者同时出现。

2. 降水种类、性质与强度

短期天气预报中一般要预报降水的种类与强度，预报中常见的降水种类有雨、雪、雨夹雪、阵雨、雷雨（降雨时伴有雷电现象）、冰雹等。降水分为液态降水和固态降水。在气象上通常用某一段时间内降水量的多少来划分降水强度。最常用的对降雨的分类方法是按降水量的多少来划分降雨的等级。

气象上按照24小时、12小时内的降水量把降水强度分为微量降雨（零星小雨）、小雨、中雨、大雨、暴雨、大暴雨、特大暴雨，另外按照24小时、12小时内的降雪量（将降雪融化为水）把降雪分为微量降雪（零星小雪）、小雪、中雪、大雪、暴雪、大暴雪、特大暴雪。

由于各地具体情况不同，各地气象部门对于当地各类降水的标准也有自己的规定。在新疆、甘肃、宁夏、内蒙古等地，24小时出现50毫米的降水极少，则规定的暴雨降雨量比其他地区要小。同样，对于降雪等级标准，不同的地区也是有区别的。具体见表3.1—表3.5。

表3.1　降雨量划分标准（全国气象防灾减灾标准化技术委员会，2012a）

等级	12小时降水量（毫米）	24小时降水量（毫米）
微量降雨（零星小雨）	＜0.1	＜0.1
小雨	0.1～4.9	0.1～9.9

续表

等级	12 小时降水量（毫米）	24 小时降水量（毫米）
中雨	5.0 ～ 14.9	10.0 ～ 24.9
大雨	15.0 ～ 29.9	25.0 ～ 49.9
暴雨	30.0 ～ 69.9	50.0 ～ 99.9
大暴雨	70.0 ～ 139.9	100.0 ～ 249.9
特大暴雨	≥ 140.0	≥ 250.0

表 3.2　降雪量分级（全国气象防灾减灾标准化技术委员会，2012a）

等级	12 小时降雪量（毫米）	24 小时降雪量（毫米）
微量降雪（零星小雪）	＜ 0.1	＜ 0.1
小雪	0.1 ～ 0.9	0.1 ～ 2.4
中雪	1.0 ～ 2.9	2.5 ～ 4.9
大雪	3.0 ～ 5.9	5.0 ～ 9.9
暴雪	6.0 ～ 9.9	10.0 ～ 19.9
大暴雪	10.0 ～ 14.9	20.0 ～ 29.9
特大暴雪	≥ 15.0	≥ 30.0

表 3.3　四川省降雨量分级（四川省气象局，2011）

等级	区域及标准		
	四川盆地各市、凉山州、攀枝花市	甘孜州	阿坝州
	24 小时降水量（毫米）	24 小时降水量（毫米）	24 小时降水量（毫米）
小雨	0.1 ～ 9.9	0.1 ～ 6.9	0.1 ～ 4.9
中雨	10.0 ～ 24.9	7.0 ～ 14.9	5.0 ～ 14.9
大雨	25.0 ～ 49.9	15.0 ～ 24.9	15.0 ～ 24.9
暴雨	50.0 ～ 99.9	25.0 ～ 49.9	25.0 ～ 49.9
大暴雨	100.0 ～ 249.9	50.0 ～ 99.9	50.0 ～ 99.9
特大暴雨	≥ 250.0	≥ 100.0	≥ 100.0

表 3.4 四川省降雪量分级（四川省气象局，2011）

等级	12 小时降雪量（毫米）	24 小时降雪量（毫米）
小雪	0.1 ～ 0.9	0.1 ～ 2.4
中雪	1.0 ～ 2.9	2.5 ～ 4.9
大雪	3.0 ～ 5.9	5.0 ～ 9.9
暴雪	≥ 6.0	≥ 10.0

表 3.5 新疆维吾尔自治区降水量级别（肖开提·多莱特，2005）

雨			雪		
量级	12 小时降水量（毫米）	24 小时降水量（毫米）	量级	12 小时降雪量（毫米）	24 小时降雪量（毫米）
微雨	0.0	0.0	微雪	0.0	0.0
小雨	0.1 ～ 5.0	0.1 ～ 6.0	小雪	0.1 ～ 2.5	0.1 ～ 3.0
小到中雨	3.1 ～ 7.5	4.5 ～ 9.0	小到中雪	1.6 ～ 3.5	2.5 ～ 4.5
中雨	5.1 ～ 10.0	6.1 ～ 12.0	中雪	2.6 ～ 5.0	3.1 ～ 6.0
中到大雨	7.6 ～ 15.0	9.1 ～ 18.0	中到大雪	3.6 ～ 7.5	4.6 ～ 9.0
大雨	10.1 ～ 20.0	12.1 ～ 24.0	大雪	5.1 ～ 10.0	6.1 ～ 12.0
大到暴雨	15.1 ～ 30.0	18.1 ～ 36.0	大到暴雪	7.6 ～ 15.0	9.1 ～ 18.0
暴雨	20.1 ～ 40.0	24.1 ～ 48.0	暴雪	10.1 ～ 20.0	12.1 ～ 24.0
大暴雨	40.1 ～ 80.0	48.1 ～ 96.0	大暴雪	20.1 ～ 40.0	24.1 ～ 48.0
特大暴雨	>80.0	>96.0	特大暴雪	>40.0	>48.0

按降水的性质划分，降水还可分为：

连续性降水：雨或雪连续不断地下，而且比较均匀，强度变化不大，一般下的时间长，范围广，降水量往往也比较大。

间断性降水：雨或雪时下时停，或强度有明显变化，一会大一会小，但是这个变化还是比较缓慢的，下的时间有时短有时长。

阵性降水：雨或冰雹常呈阵性下，有时也可能看到阵雪。其特点是骤降骤停或强度变化很突然，下得速度快，强度大，但往往时间不长，范围也不大。如果在阵雨的同时还伴有闪电和雷鸣，这便是雷阵雨。

3. 其他重要天气或灾害天气

短期天气预报除预报降水现象外，还预报其他重要天气现象，如冰雹、雾、霜冻、雾凇、雨凇、积雪、大风、雷暴、沙尘暴、霾等。这里主要介绍一下视程障碍现象。其他天气现象详见 3.4 节。

视程障碍现象是属于一种比较严重的灾害性天气。它包括雾（雾、大雾、浓雾等）、轻雾、吹雪、雪暴、烟幕、霾、沙尘暴（沙尘暴、强沙尘暴、超强沙尘暴）、扬沙、浮尘 9 种天气现象。

雾：悬浮在贴近地面的大气中的大量微小水滴（或冰晶）的可见集合体；常呈乳白色。雾和云的区别仅在于是否接触地面。根据国家标准《雾的预报等级》（GB/T 27964—2011）（全国气象防灾减灾标准化技术委员会，2011）规定：按水平能见度（v）分级：大雾 500 米≤v＜1000 米，浓雾 200 米≤v＜500 米，强浓雾 50 米≤v＜200 米，特强浓雾 v＜50 米。

烟幕：大量的烟存在空气中，使气象能见度小于 10 千米。城市、工矿区上空的烟幕呈黑色、灰色或褐色，浓时可以闻到烟味。

霾：大量的粒径为几微米以下的大气气溶胶粒子使能见度小于 10 千米，空气普遍混浊的天气现象（全国气象仪器与观测方法标准化技术委员会，2018）。

吹雪：由于强风将地面的积雪卷起，使气象能见度小于 10 千米的现象。

雪暴：大量的雪被强风卷着随风运行，并且不能判定当时天空是否有降雪，气象能见度小于 10 千米的现象。

浮尘、扬沙、沙尘暴（沙尘暴、强沙尘暴、超强沙尘暴）统称为沙尘天气，是春季影响我国北方地区的主要灾害性天气之一，它是指风将地面尘土、沙粒卷入空中，使空气混浊的一种天气现象。气象学上，按照风速大小和对水平能见度的影响将沙尘天气分为浮尘、扬沙、沙尘暴、强沙尘暴和特强沙尘暴五个等级（中国气象局政策法规司，2006）。

浮尘：尘土、细沙均匀地浮游在空中，使水平能见度小于 10 千米的天气现象。

扬沙：风将地面尘沙吹起，使空气相当混浊，水平能见度在 1 ～ 10 千米的天气现象。

沙尘暴：风将地面尘沙吹起，使空气很混浊，水平能见度小于 1 千米的天气现象。

强沙尘暴：大风将地面尘沙吹起，使空气非常混浊，水平能见度小于 500 米的天气现象。

特强沙尘暴：狂风将地面尘沙吹起，使空气特别混浊，水平能见度小于 50 米的天气现象。

4. 风

空气运动产生的气流，称为风。风的预报包括风向和风力预报。风向指风的来向，天气预报中一般采用 8 个方位预报风向，即东、南、西、北、东南、东北、西南、西北。风速指单位时间内空气移动的水平距离，通常采用蒲氏风力等级来预报，具体风力等级及其特征见表 3.6（全国气象防灾减灾标准化技术委员会，2012b）。

预报中常提到的风速有以下几种。瞬时风速：3 秒钟的平均风速；极大风速：某个时段内出现的最大瞬时风速；最大风速：某个时段内出现的最大 10 分钟平均风速。

表 3.6　风力等级及特征

风力等级	陆地地面物征象	相当风速（米 / 秒）	
		范围	中数
0	静，烟直上	0.0 ～ 0.2	0.0
1	烟能表示风向，但风向标不能动	0.3 ～ 1.5	1.0
2	人面感觉有风，树叶有微响，风向标能转动	1.6 ～ 3.3	2.0
3	树叶及微枝摇动不息，旌旗展开	3.4 ～ 5.4	4.0
4	能吹起地面灰尘和纸张，树枝摇动	5.5 ～ 7.9	7.0
5	有叶的小树摇摆，内陆的水面有小波	8.0 ～ 10.7	9.0

续表

风力等级	陆地地面物征象	相当风速（米 / 秒）	
		范围	中数
6	大树枝摇动，电线呼呼有声，撑伞困难	10.8 ～ 13.8	12.0
7	全树摇动，迎风步行感觉不便	13.9 ～ 17.1	16.0
8	微枝折毁，人行向前，感觉阻力很大	17.2 ～ 20.7	19.0
9	建筑物有小损（烟囱顶部及平房摇动）	20.8 ～ 24.4	23.0
10	陆上少见，见时可使树木拔起或使建筑物损坏严重	24.5 ～ 28.4	26.0
11	陆上很少见，有则必有广泛损失	28.5 ～ 32.6	31.0
12	陆上绝少见，摧毁力极大	>32.6	>31.0

风力等级是根据风对地面（或海面）物体的影响程度来定的。为了便于记忆，气象部门根据风力对地面物体的影响程度作了形象化的表述：

0 级风，炊烟笔直向上冲。1 级风，炊烟随风向飘动。

2 级风，轻风拂拂吹脸面。3 级风，小枝摇动红旗展。

4 级风，树枝摇动吹纸片。5 级风，小树摇动水有波。

6 级风，大树摇动举伞难。7 级风，全树摇动树枝弯。

8 级风，树枝折断行路难。9 级风，树木受损屋顶坏。

10 级风，刮倒树木和房屋。11 级、12 级，陆上很少见。

5. 气温

空气温度，简称气温，表示空气冷热程度的物理量。气象台（站）一般所指的气温，是指百叶箱中离地面 1.5 米高度处的温度表量得的空气温度。天气预报中预报的气温包括最高气温与最低气温，一般情况下，最高气温出现在 14—15 时，最低气温出现在日出前。

6. 冷空气的分级

根据强弱程度，我国将冷空气分为四个等级：弱冷空气、较强冷空气、强冷空气和寒潮（全国气象防灾减灾标准化委员会，2017b）。

弱冷空气：使一个地方日最低气温 48 小时内降温幅度小于 6 ℃的冷空气。

较强冷空气：使一个地方日最低气温 48 小时内降温幅度大于或等于 6 ℃但小于 8 ℃；或者日最低气温 48 小时内降温幅度大于或等于 8 ℃，但未能使该地日最低气温下降到 8 ℃或以下的冷空气。

强冷空气：使一个地方日最低气温 48 小时内降温幅度大于或等于 8 ℃，而且使该地日最低气温下降到 8 ℃或以下的冷空气。

寒潮：使一个地方日最低气温 24 小时内降温幅度大于或等于 8 ℃，或者 48 小时内降温幅度大于或等于 10 ℃，或 72 小时内降温幅度大于或等于 12 ℃，而且使该地日最低气温下降到 4 ℃或以下，48 小时、72 小时内降温的日最低气温连续下降的冷空气。

3.7.2 天气预报的其他术语

到：在两种天空状况之间来回变换。示例：晴到多云。即晴天和多云两种天气来回变化。

转：由一种天空状况（或天气现象）转变为另一种天气现象（或另一种天空状况）。示例：阴天转小雨。即从阴天变化为小雨天气。

个别地区：出现范围小于总范围 10% 时。

局部地区：出现范围介于总范围 10% ～ 30% 时。

部分地区：出现范围介于总范围 30% ～ 50% 时。

大部分地区：出现范围超过总范围 50% 时。

天气：某一地区在某一段时间内（几分钟～几天）大气中气象要素和天气现象的综合。

春季：上半年连续 5 天平均气温稳定达到 10 ℃以上而低于 22 ℃时，为春季。对气候资料进行统计时一般用 3 月 1 日—5 月 31 日。

夏季：连续 5 天平均气温稳定高于 22 ℃，为夏季。对气候资料进行统计时一般用 6 月 1 日—8 月 31 日。

秋季：下半年连续 5 天平均气温稳定在 22 ～ 10 ℃，为秋季。对气候资料进行统计时一般用 9 月 1 日—11 月 30 日。

冬季：连续 5 天平均气温稳定在 10 ℃以下，为冬季。对气候资料进行统计时一般用上一年 12 月 1 日—当年 2 月 28 日（闰年 29 日）。

汛期：5—9 月，由于季节性降水，引起江河定时性水位上涨的时期。

主汛期：6—8 月，雨水集中，江河水位定时性快速上涨时期。

干旱：由于长时间降水偏少，造成空气干燥、土壤缺水、江河流量显著减少甚至断流，使工农业生产和人民生活受到影响。

洪涝：由于暴雨引发洪水和积涝，使工农业生产和人民生命、财产等受到明显影响。

秋绵雨：是指入秋以后（9—11 月），连续 5 天或 5 天以上逐日降雨量大于或等于 0.1 毫米的持续阴雨天气。按过程持续时间的长短分为三级：持续 5～10 天为轻级、11～15 天为中级、16 天以上为重级（张顺谦 等，2014）。

参考文献

《中国气象百科全书》总编委会，2016. 中国气象百科全书·气象科学基础卷 [M]. 北京：气象出版社 .

高浩，唐世浩，韩秀珍，2021. 风云气象卫星发展及其应用 [J]. 科技导报，39（15）：9-22.

胡登淦，涂小琴，李海林，2018. 江西宜春出现雨凇晶莹剔透美不胜收 [ED/OL].（2018-12-11）. 中国天气网 . http：//www.weather.com.cn/jiangxi/gqtj/3005196.shtml.

姜世中，2020. 气象学与气候学 [M]. 北京：科学出版社 .

刘红年，徐玉貌，张宁，等，2019. 大气科学概论 [M]. 南京：南京大学出版社 .

毛元奇，周琼，2014. 雷击劈中变电器导致周围六间民房成火海 [N]. 宁波日报 .2014-07-17.

孟昭辉，李庆军，2009. 自动气象站综述 [J]. 气象水文海洋仪器，26（4）：54-56，59.

民政部，2017. 陕甘宁风雹洪涝灾情持续 [ED/OL].（2017-06-08）民政部门户网站 .https：//www.sohu.com/a/147400517_771403.

全国气象防灾减灾标准化技术委员会，2011. 雾的预报等级：GB/T 27964—

2011[S]. 北京：中国标准出版社 .
全国气象防灾减灾标准化技术委员会，2012a. 降水量等级：GB/T 28592—2012[S]. 北京：中国标准出版社 .
全国气象防灾减灾标准化技术委员会，2012b. 风力等级：GB/T 28591—2012[S]. 北京：中国标准出版社 .
全国气象防灾减灾标准化技术委员会，2017a. 沙尘天气等级：GB/T 20480—2017[S]. 北京：中国标准出版社 .
全国气象防灾减灾标准化技术委员会，2017b. 冷空气等级：GB/T 20484—2017[S]. 北京：中国标准出版社 .
全国气象防灾减灾标准化技术委员会，2017c. 天气预报基本术语：GB/T 35663—2017[S]. 北京：中国标准出版社 .
全国气象仪器与观测方法标准化技术委员会，2017. 地面气象观测规范 天气现象：GB/T 35224—2017[S]. 北京：中国标准出版社 .
全国气象仪器与观测方法标准化技术委员会，2018. 霾的观测与识别：GB/T 36542—2018[S]. 北京：中国标准出版社 .
四川省气象局，2011. 天气术语：DB51/T580—2011[S]. 成都：四川省质量技术监督局 .
唐顺仙，吕达仁，何建新，等，2017. 天气雷达技术研究进展及其在我国天气探测中的应用 [J]. 遥感技术与应用，32（1）1-13.
王春学，马振峰，邵鹏程，等，2015. 我国华西秋雨的气候变化规律及其影响因子 [J]. 干旱区研究，32（6）：1113-1121.
王立祥，刘中民，孟庆义，2018. 中国公众防雨电卫生健康指南 [J]. 中华医学信息导报，33（16）：4.
王晓，2022. 注意！沙尘暴来袭，影响这些地方 [ED/OL].（2022-12-12）. 新浪网 . https：//k.sina.com.cn/article_2810373291_a782e4ab01902gdep.html.
伍荣生，谈哲敏，王元，2007. 我国业务天气预报发展的若干问题思考 [J]. 气象科学，27（1）：112-118.
肖开提·多莱特，2005. 新疆降水量级标准的划分 [J]. 新疆气象，28（3）：7-8.
张畅，2021. 今年我国龙卷风偏多的原因是什么？国家气象中心回应 [ED/OL].（2021-06-03）中国新闻网 . https：//www.chinanews.com.cn/sh/2021/06-03/9491846.shtml.

张顺谦，马振峰，陈文秀，等，2014. 西南地区秋绵雨变化趋势与周期性特征的区域差异 [J]. 自然资源学报，29（2）：275-284.

赵彦 . 中国公众防雷电卫生健康指南 [ED/OL].（2018-08-23）人民政协网 . http：//www.rmzxb.com.cn/c/2018-08-23/2149625.shtml

中国气象局政策法规司，2006. 沙尘暴天气监测规范：GB/T 20479—2006[S]. 北京：中国标准出版社 .

第4章

我国主要气象灾害及防御措施

4.1 气象灾害的基本概念

气象灾害是指由于地球大气发生激烈变化，给地球上的生物带来各种灾难，给人类的生命、财产造成损失，对国民经济及城乡建设所造成的损害。气象灾害是自然灾害中的原生灾害之一，而且也是最常见、最主要的一种自然灾害。气象灾害具有种类多，分布范围广，发生频率高，持续时间长，群发性强，易引发次生灾害和灾情重等特征。

气象灾害一般包括天气、气候灾害和气象次生、衍生灾害。天气、气候灾害是指因台风（热带风暴、强热带风暴）、暴雨（雪）、雷暴、冰雹、大风、沙尘、龙卷、大（浓）雾、高温、低温、连阴雨、冻雨、霜冻、结（积）冰、寒潮、干旱、干热风、热浪、洪涝、积涝等因素直接造成的灾害。气象次生、衍生灾害，是指因气象因素引起的山体滑坡、泥石流、风暴潮、森林火灾、酸雨、空气污染等灾害（彭云峰，2009）。

根据灾害特征、致害因子和天气现象类型，我国气象灾害可分为以下几个主要灾害种类（表 4.1）。

表 4.1　我国主要气象灾害分类及其危害

种类		天气现象	直接危害	次生危害
水	洪水 雨涝	暴雨 大雨	河水泛滥、山洪暴发、城市积水，内涝、渍水，毁坏庄稼、建筑、物资，造成人员伤亡、疾病、作物歉收或绝收，交通、通信受阻	地质灾害（泥石流、滑坡、水土流失），水污染、交通、电力、通信事故
	连阴雨	阴雨、 低温、 潮湿	影响作物正常生长发育，烂秧，物资霉变	农林灾害（病虫害）
旱	干旱 干热风 热浪	少雨 久晴 高温	旱灾、城镇用水缺乏，干旱、焚风，疾病、灼伤、作物逼熟	农林灾害（虫害，林、草火灾），地质灾害（土地荒漠化）等

续表

种类		天气现象	直接危害	次生危害
风	台风	狂风 暴雨	海难，河水泛滥、山洪暴发、城市积水，内涝、渍水，毁坏庄稼、建筑、物资，造成人员伤亡、疾病、作物歉收或绝收，交通、通信受阻	地质灾害（泥石流、滑坡、水土流失），水圈灾害（洪水、内涝、巨浪、风暴潮）
	局地风（雹灾、风灾、龙卷）	强对流天气 下击暴流	毁坏庄稼、建筑、物资，人畜伤亡，山洪暴发、交通、通信受阻，交通事故、空难、火灾	
冻	冷害 冻害 冰害 冻雨 雪害	强冷空气 寒潮 雨凇 霜冻 积雪 大风	作物歉收，人畜、庄稼、经济林木冻害，牧场积雪、牲畜死亡，雪崩，电线、道路结冰，交通、通信、输送电受阻，海难	庄稼、林木冻害，牧业受损、江、河、湖、海结冰，凌汛
电	雷击	强对流天气	建筑物损坏，人畜伤亡，通信、计算机受损，空难，火灾	森林、草原火灾
其他	沙尘暴 浓雾 霾	强风、霾、 浓雾、 烟雾、 静风、 大气污染	沙流淹没农田、毁坏庄稼、建筑、物资，人畜伤亡，危及人体健康，交通、通信受阻，交通事故，空难，人体疾病	沙丘移动，土壤沙化

4.2 主要气象灾害及防御措施

4.2.1 台风

1. 概述

台风是热带气旋的一种，热带气旋是发生在热带或副热带洋面上的低压涡旋，是一种强大而深厚的热带天气系统（刘红年 等，2019）。它像在流动江河中前进的涡旋一样，一边绕自己的中心急速旋转，一边随周围大气向前移动。一般将中心附近持续风速 17.2 米 / 秒或以上的热带气旋统称为台风。我国把南海与西北太平洋的热带气旋按照底层中心附近最大平均风力大小划分为 6 个等级，其中风力达到 12 级或以上，统称为台风。台风按等级分为台风、强台风和超级台风。台风的结构，从中心向外依次分为台风眼区、云墙区、螺旋雨带区。

台风的破坏力主要由强风、暴雨和风暴潮三个因素引起。一是强风，台风风速都在 12 级（32.7 米 / 秒）以上，甚至超过 60 米 / 秒。据观测，当风力达到 12 级时，垂直于风向平面上每平方米风压可达 230 千克。因此，当超强台风来临时，其带来的狂风及其引起的巨浪可以把沿海船只抛起乃至拦腰折断，也可把巨轮推入海岸；也足以损坏甚至摧毁陆地上的建筑、桥梁、车辆等。大风也可以把杂物吹到半空并使其高速飞行，危及行人生命、财产安全。二是暴雨，台风也会带来暴雨。一次台风登陆，降雨中心一天中可降下 100 ～ 300 毫米，甚至 500 ～ 800 毫米的强降水。我国近海 15 个省份中，11 个省份最大雨量的影响系统均是台风，全国 7 次日降水量超过 1000 毫米的极端暴雨，其中 6 次都是台风引起的。暴雨极易诱发城市内涝、房屋倒塌、山洪、泥石流等次生灾害。三是风暴潮，当台风移向陆地时，由于台风的强风和低气压的作用，使海水向海岸方向强力堆积，潮位猛涨，水浪排山倒海般向海岸压去。强台风的风暴潮能使沿海水位上升 5 ～ 6 米。如果风暴潮与天文大潮高潮位相遇，能产生高频率的潮位，导致潮水漫溢，海堤溃决，冲毁房屋和各类建筑设施，淹没城镇和农田，造成大量人员伤亡和财产损失。

超强台风“利奇马”于 2019 年 8 月 10 日 01 时 45 分许在浙江省温岭市城南镇沿海登陆，登陆时中心附近最大风力有 16 级（52 米 / 秒），成为 2019 年以来登陆中国的最强台风和 1949 年以来登陆浙江第三强的台风，其随后纵穿浙江、江苏两省并移入黄海海面，后又于 8 月 11 日 20 时 50 分许在山东省青岛市黄岛区沿海再次登陆，登陆时中心附近最大风力有 9 级（23 米 / 秒）。台风“利奇马”共造成我国 1402.4 万人受灾，57 人死亡，209.7 万人紧急转移安置，直接经济损失 537.2 亿元人民币（邓琦，2019）。

2. 特点

台风发生的规律及其特点主要有以下几点：

一是有季节性。台风（包括热带风暴）一般发生在夏、秋季，最早发生在 5 月初，最迟发生在 11 月。

二是台风中心登陆地点难准确预报。台风的风向时有变化，常出人预料，台风中心登陆地点往往与预报相左。

三是台风具有旋转性。其登陆时的风向一般先北后南。

四是损毁性严重。对不坚固的建筑物、架空的各种线路、树木、海上船只、网箱养鱼、海边农作物等破坏性很大。

五是强台风发生常伴有大暴雨、大海潮。

六是强台风发生人力不可抗拒，易造成人员伤亡。

3. 基本防御措施（全国气象防灾减灾标准化技术委员会，2023）

（1）充分了解不同等级的台风可能造成的影响，按需配备应急用品，做好应对台风风险的准备。

（2）熟悉就近的避灾场所和转移路线。

（3）台风发生，进入戒备状态，通过广播、电视、报纸、电信、新媒体等渠道获取台风预警信号，随时关注台风最新消息和政府及有关部门发布的防御台风通知。

（4）按照不同的台风预警等级采取相应的防御措施。

（5）如有险情，可立即向有关部门报告求助或拨打救援电话，听从并配合抢险人员救助，迅速转移避险。

（6）台风过后需要注意房屋安全隐患、环境卫生，注意食物、水的安全，必要时寻求专业人士的帮助。

4.2.2 雨涝灾害

1. 概述

因大雨、暴雨或长期降雨过于集中而产生大量的积水和径流，排水不及时致使土地、房屋等渍水、受淹而造成的灾害称为雨涝灾害（夏军等，2019）。雨涝灾害往往和洪水灾害同时或连续发生在同一地区，有时难以准确界定，也统称为洪涝灾害。其中，洪水灾害按照成因，可以分为暴雨洪水（图 4.1）、融雪洪水、冰凌洪水、风暴潮洪水等。根据雨涝发生季节和危害特点，可以将雨涝灾害分为春涝、夏涝、夏秋涝和秋涝等。

2021 年 7 月 17 日至 23 日，河南省郑州市遭遇历史罕见特大暴雨，发生严重洪涝灾害，特别是郑州市 7 月 20 日 16—17 时，1 个小时的降雨量达到了 201.9 毫米，创造了我国陆地上最新小时雨强记录；7 月 19 日 20 时到 20 日 20 时，日降雨量 552.5 毫米；7 月 17 日 20 时到 20 日 20 时，3 天的过程降雨量 617.1 毫米。暴雨共造成河南省 150 个县（市、区）1478.6 万人受灾，因灾死亡或失踪 398 人，其中郑州市 380 人、占全省的 95.5%；直接经济损失 1200.6 亿元，其中郑州市 409 亿元，占全省的 34.1%（新华社，2022）。

图 4.1　暴雨导致洪水灾害

2. 特点

我国雨涝灾害和暴雨天气的发生密不可分，具有以下基本特点：

一是发生范围广、频次多、灾情重。据统计，2001—2020 年我国洪涝灾害每年平均受灾人口 10356.6 万，平均死亡人口 1062；农作物每年平均涝灾面积 857.7 万公顷；洪涝灾害造成的全国年平均直接经济损失为 1678.6 亿元，占 GDP（国内生产总值）的 0.34%（李莹，等，2022）。

二是区域分布差异明显，常常出现某些地区暴雨天气特别集中的情况。我国的暴雨洪涝灾害多发生在江淮以南以及华南沿海地区，其中江南北部至长江中下游最多。北方气候干燥、雨水较少，但在异常的气候影响下也会有洪涝发生。

三是具有季节性和阶段性。主要是因为暴雨天气具有季节性发生的特点，从全国来看，雨涝灾害的时间集中在各地的汛期，主要发生在夏季，但有时也会出现在春季、秋季甚至冬季。例如 1982—1983 年冬季，华南就发生了几十年不遇的涝灾。

3. 基本防御措施

（1）时刻留意天气预报，关注天气变化。

（2）留在安全的地方，远离危险斜坡和挡土墙，切勿在溪涧或低洼地区逗留。

（3）水中行走时，注意观察，避开井坑并远离电线。

（4）家中进水时，需注意关闭电源。

（5）驾驶车辆，遇到积水路面，在无法查明路面积水深度的情况时应尽量绕行，避免强行通过。汽车如果在水中熄火，不要在车上等候，应下车到高处等待救援。

（6）在山区旅游时，上游来水突然混浊、水位上涨较快时，往往是山洪暴发的征兆，此时尚存在短暂的避灾时间窗，须特别注意，要立刻转移。

（7）防范暴雨的同时需要防范可能出现的雷暴、大风、城市内涝、山体滑坡、交通意外和不同程度的混乱等。

4.2.3 雪灾

1. 概述

雪灾亦称为白灾，是因长时间大量降雪造成大范围积雪成灾的自然现象（娜日斯，2011）。深厚的积雪会使蔬菜大棚、房屋等被压垮，农作物、树木和通信、输电线路等被压断；道路被积雪掩埋，导致公路、铁路交通，航空和人们出行都受到很大影响。在牧区，冬季草场积雪超过 20 厘米，羊群觅食困难；积雪超过 30 厘米，马、牛群采食困难，导致家畜不能采食或采食困难而被饿、冻或染病，甚至发生大量死亡。因此，它也是我国牧区常发生的一种畜牧气象灾害，主要是指依靠天然草场放牧的畜牧业地区，由于冬半年降雪量过大和积雪过厚，雪层维持时间长，影响畜牧正常放牧活动的一种灾害。

2008 年 1 月 10 日—2 月 2 日，我国南方地区遭遇了低温雨雪冰冻灾害。严重的受灾地区有湖南、贵州、湖北、江西、广西北部、广东北部、浙江西部、安徽南部、河南南部。共造成 21 个省（区、市）不同程度受灾，受灾人口超过 1 亿，因灾死亡 129 人，失踪 4 人，紧急转移安置 166 万人；农作物受灾 1.78 亿亩[①]，成灾 8764 万亩，绝收 2536 万亩；倒塌房屋 48.5 万间，损坏房屋 168.6 万间；因灾直接经济损失 1516.5 亿元；森林受损面积近 2.79 亿亩，3 万只国家重点保护野生动物在雪灾中冻死或冻伤（胡钰玲，2017）。

2. 特点

一是具有地域性，雪灾主要发生在三大积雪区域，即青藏高原、新疆北部、内蒙古和东北地区。

二是雪灾类型多，我国主要有白灾、暴风雪、雪崩及风吹雪四种。

3. 基本防御措施

（1）要及时关注气象部门关于暴雪的最新预报、预警信息，机场、铁

① 1 亩 ≈ 666.67 平方米。

路和高速公路可能会封闭或停航，要及时取消或调整出行计划。

（2）在暴雪来临前要减少外出活动，特别是尽可能减少开车外出，并躲避到安全地方，提前做好防寒保暖准备，储备足够的食物和水。

（3）不要待在不结实不安全的建筑物内，主动清扫自家或单位附近道路和屋顶的积雪，要做好道路清扫和积雪融化准备工作。

（4）暴雪出现后，牲畜采食困难，应加强人工补饲工作，要备好粮草，将野外牲畜赶到圈里喂养。

（5）外出时，要采取防寒保暖和防滑措施，步行时尽量不要穿硬底或光滑底的鞋子。

4.2.4 寒潮

1. 概述

寒潮是冬季的一种灾害性天气，是指来自高纬度地区的寒冷空气，在特定的天气形势下迅速加强并向中、低纬度地区入侵，造成沿途地区剧烈降温、大风和雨雪天气（彭云峰，2009）。这种冷空气南侵达到一定标准的就称为寒潮。寒潮是一种大型天气过程，会造成沿途大范围的剧烈降温、大风和雨雪天气，由寒潮引发的大风、霜冻、雪灾、雨凇等灾害对农业、交通、电力、航海以及人们健康都有很大的影响。

寒潮通常带来的大风、降温天气，是我国冬半年主要的灾害性天气，一般多发生在秋末、冬季和初春时节，特别是秋末冬初和冬末春初最为常见。年寒潮频次分布呈现北多南少。东北、华北西北部和西北、江南、华南的部分地区及内蒙古平均每年发生寒潮在 3 次以上，其中北疆北部、内蒙古中北部、吉林大部分地区、辽宁北部超过 6 次。

寒潮可造成铁路车站道岔冻结，铁轨被雪埋，通信信号失灵，列车运行受阻。雨雪过后，道路结冰打滑，交通事故明显增多；寒潮袭来对人体健康危害很大，大风降温天气容易引发感冒、气管炎、冠心病、肺心病、中风、哮喘、心肌梗死、心绞痛、偏头痛等疾病，有时还会使患者的病情加重。

2021 年 11 月 4—9 日发生了一次全国性寒潮天气，具有降温幅度大、雨雪范围广、极端性强、影响大等特点，其综合强度指数位居历史第四位。全国有 429 个县（市）达到或超过极端日降温阈值，其中 116 个达到或超过历史极值。寒潮给我国大部分地区的农业、交通、电力等造成较大影响；致使内蒙古、辽宁、吉林、甘肃、山西、河北、宁夏、湖北及湖南等 9 省（区）的 56 个县（市、区）秋收秋种、设施农业、在田作物、渔业等受到不利影响；北京、天津、河北、山西、辽宁、吉林、黑龙江、山东、陕西 9 省（市）共计至少 184 个路段公路封闭；北京首都机场和大兴机场分别有 31 个航班取消和 25 个航班延误；京津城际、京沪高铁、津秦高铁、津保客专部分列车晚点或停运；沈阳、长春、天津、济南等多地中小学停课；黑龙江约 84 万户停电，河南平顶山、三门峡、洛阳、郑州等地出现短时输电线路故障（中国气象局，2021）。

2. 特点

一是具有季节性。寒潮天气一般发生在秋末到来年初春，最早开始于 9 月下旬，最晚结束于次年 5 月，以每年春季的 3 月和秋季 10 月、11 月活动最为频繁。

二是在不同的地域环境下具有不同的特点，在西北沙漠和黄土高原，表现为大风少雪，极易引发沙尘暴天气；在内蒙古草原则为大风、吹雪和低温天气；在华北、黄淮地区，寒潮袭来常常风雪交加；在东北表现为更猛烈的大风、大雪；在江南常伴随着寒风阴雨。

3. 基本防御措施

（1）当气温发生骤降时，要注意添衣保暖，特别是要注意手、脸的保暖。

（2）农业、水产业、畜牧业等要积极采取防霜冻、冰冻等防寒措施，尽量减少损失。

（3）尽量减少外出；必须外出时要做好防冻、防滑方面的准备工作。

（4）老弱病人，特别是心血管病人、哮喘病人等对气温变化敏感的人群尽量不要外出。

（5）提防煤气中毒，尤其是采用煤炉取暖的家庭更要提防。

（6）加强天气预报，提前发布准确的寒潮消息或警报。

4.2.5 龙卷

1. 概述

龙卷是一种从强对流积雨云中伸向地面的小范围强烈旋风，同时伴有暴雨、雷电或冰雹（刘红年 等，2019）。龙卷所造成的灾难往往是毁灭性的。据统计，全球每年会产生 1000 ～ 1500 个龙卷，其中有一半在美国，美国因此被称为“龙卷之乡”（姜永育，2020）。

我国在 20 世纪 90 年代中期至 21 世纪初龙卷相对多发。根据 1991 年至 2015 年记录到的龙卷资料统计，我国平均每年有 42 个龙卷，其中 2005 年最多，达 75 个，2014 年和 2015 年最少，均为 19 个。20 世纪 90 年代中期至 21 世纪初发生龙卷相对较多，近 10 年我国龙卷相对较少。江苏平均每年有 5.5 个龙卷，1998 年最多，达 13 个；20 世纪 90 年代中期至 2009 年之前龙卷相对较多。

2016 年 6 月 23 日 14 时 30 分前后，江苏省盐城市阜宁县遭遇强冰雹和龙卷，造成房屋倒塌、道路受阻、设施农业受损、电力中断、通信中断等灾害，共造成 99 人死亡，受伤 846 人。经过现场勘查，气象专家调查组认定，6 月 23 日盐城阜宁地区发生了龙卷，强度或达到风速 267 ～ 322 千米 / 小时（可以把汽车刮飞，把牢固的房屋夷为平地，树木被刮到几百米高空）的高强度龙卷级别，破坏力巨大（孙劭等，2017）。

2. 特点

在我国，龙卷的发生有一定的季节特征和时间特征，龙卷多发生在春末和夏季，同时，湿度增大也容易导致龙卷。据《中国龙卷的时空分布》统计数据，1961—2010 年发生在 12 时至 20 时的强龙卷占有时间记录可查的强龙卷总数的 70%，该时段高发是因为经过白天太阳辐射后，大气层结不稳定，强对流天气最易发生，易促进龙卷天气系统形成和加强。

龙卷的发生有一定的区域性，一般多发生在长江中下游平原地区，平原多于山区，华南地区比较多。江苏、广东、湖北、安徽等省发生龙卷次数较多，其中江苏和广东最多，年均龙卷分别为4.8个和4.3个，湖北和安徽次之，都为2个。由于下垫面的影响，大城市内发生龙卷的情况很少看到。

龙卷具有破坏力强、易造成人员伤亡的显著特点。1991—2015年，全国平均每年因龙卷灾害死亡20人；2005年死亡人数最多，达57人（孙劭 等，2017）。

3. 基本防御措施

（1）在室内，务必远离门窗和房屋的外围墙壁。躲到与龙卷方向相反的墙壁或小房门内抱头蹲下，保护好自己的头部。

（2）在楼上，特别是农村的楼房内，应立即转移到一楼。暂避到一楼比较坚固的桌子底下或厕所、储物间内。

（3）立刻离开危险房、活动或其他的简易临时住处，到附近比较坚固的房屋内躲避。

（4）躲避龙卷最安全的地方是地下室或半地下室。

（5）如果在汽车上，立即离开汽车，到公路旁的低洼地躲避，不要待在汽车里。

（6）在公共场所，要服从指挥，有秩序地向指定地点疏散。

4.2.6 沙尘暴

1. 概述

沙尘暴是沙暴和尘暴两者兼有的总称，是指强风把地面大量沙尘物质吹起卷入空中，使空气特别混浊，水平能见度小于1千米的严重风沙天气现象（王玮 等，2004）。其中沙暴系指大风把大量沙粒吹入近地层大气所形成的挟沙风暴；尘暴则是大风把大量尘埃及其他细粒物质卷入高空所形成的风暴。

沙尘暴的主要危害方式，一是携带细沙粉尘的强风摧毁建筑物及公用设施，造成人畜伤亡；二是以风沙流的方式造成农田、渠道、村舍、铁路、草场等被大量流沙掩埋，尤其是对交通运输业造成严重威胁；三是每次沙尘暴的沙尘源和影响区都会受到不同程度的风蚀危害，风蚀深度可达 1 ～ 10 厘米；四是造成大气污染：在沙尘暴源地和影响区，大气中的可吸入颗粒物浓度升高，大气污染加剧。

2010 年 4 月 24 日 19 时 09 分，甘肃省民勤县出现大风特强沙尘暴（黑风）天气，大风瞬时极大风速 28.0 米 / 秒（10 级），沙尘暴最小能见度 0 米，特强沙尘暴持续近 2 小时，沙尘暴持续 3 个多小时。25 日白天，民勤县再次出现大风强沙尘暴天气，大风瞬时极大风速 21.6 米 / 秒，最小能见度 300 米，特强沙尘暴突袭民勤，短时间内就给民勤造成了一系列重大灾害，引发火灾报告 13 起，26 条电力线路中断，造成直接经济损失 2.5 亿元（沈洁 等，2014）。

2. 特点

一是时间分布上，沙尘暴天气主要发生在冬、春季，这是由于冬、春季半干旱和干旱区降水很少，地表极其干燥松散，抗风蚀能力很弱，当有大风刮过时，就会有大量沙尘被卷入空中，形成沙尘暴天气。

二是地域分布上，我国的沙尘暴主要发生在北方地区，其中南疆盆地、青海西南部、西藏西部及内蒙古中西部和甘肃中北部是沙尘暴的多发区。

3. 基本防御措施

（1）待在室内，不要外出，特别是抵抗力较弱的人群更应该待在门窗紧闭的室内。

（2）如在室外，要远离树木、高耸建筑物和广告牌，蹲靠在能避风沙的矮墙处。

（3）在田间，应趴在相对高坡的背风处，或者抓住牢固的物体，绝对不要乱跑。

（4）外出时穿戴防尘的衣服、手套、面罩、眼镜等物品。回到房间后应及时清洁面部。

（5）一旦发生慢性咳嗽或气短、发作性喘憋及胸痛时，应尽快到医院检查、治疗。

4.2.7 高温

1. 概述

高温一般指日最高气温达到 35 ℃或以上的天气。同时，把连续数天（3 天以上）日最高气温都超过 35 ℃的高温天气过程称为高温热浪（也称为高温酷暑）天气。高温天气主要分为两种类型：一类是干热型高温。它的特点是太阳辐射强、气温极高、空气湿度小。在夏季，我国北方地区如新疆、甘肃、内蒙古、北京等地经常出现。另一类是闷热型高温。它的特点是气温并不太高，但空气湿度大，人体感觉闷热，像在桑拿浴室里蒸桑拿一样，所以又称“桑拿天”。在夏季，我国沿海、长江中下游以及华南等地经常出现。

2022 年夏季，全球大范围创下高温纪录，中国、美国等大多数北半球国家出现了 40 ℃以上极端高温，多地最高气温突破历史极值。2022 年 6 月 13 日—8 月 30 日，我国中东部出现自 1961 年有完整气象观测记录以来综合强度最强的高温过程，高温持续时间长、极端性强。7—8 月，长江中下游及川渝地区夏伏旱影响范围广、强度大。上述高温干旱气候给经济、农业、人体健康以及人民生活造成了严重影响。四川省遭遇了大范围长时间的高温干旱天气，水电发电量大幅减少，8 月天然来水发电量由同期约 9 亿千瓦时下降至约 4.5 亿千瓦时，减幅达 50%。重庆等地出现了 40 ℃以上极端高温，引发了多处森林火灾，造成大量人员转移安置。极端干旱导致中国最大淡水湖鄱阳湖的水位 6—8 月下降了近 10 米。此外，持续的高温导致浙江、四川、河南等地多人确诊热射病，引起社会的广泛关注（孙博等，2022）。

2. 特点

我国高温天气具有以下时、空分布特点：

（1）空间分布。我国年高温日数分布表现出较强的区域性特征：东南部和西北部为两个高值区，全年高温日数一般有 15 ～ 30 天。新疆吐鲁番达 99 天，为全国之最。江南部分地区及福建西北部年高温日数约 35 天。重庆市年高温日数也较多，约 35 天。

（2）时间分布。一年中，我国的高温天气主要集中在 5—10 月。

3. 基本防御措施

（1）白天尽量避免或减少户外活动，尤其是 10—16 时不要在烈日下外出运动和劳动。少去闷热的公共场所，早、晚多散步。

（2）不宜在阳台、树下或露天睡觉，适当晚睡早起，中午宜午睡。

（3）室外劳动时应戴上遮阳帽，穿浅色衣服，并且应备有足够的饮用水和防暑药品，如感到头晕不舒服应立即停止劳动，到阴凉处休息。

（4）浑身大汗时，不宜立即用冷水洗澡，应先擦干汗水，稍事休息后再用温水洗浴。

（5）空调温度应控制在 26 ～ 28 ℃，室内外温差不要超过 8 ℃。空调运作时尽量避免送风口冷风直接吹着头部或长时间对着身体某一部位吹。定时打开门窗，通风换气。

（6）避免皮肤被蚊虫咬伤、开水烫伤等，预防因气温高、细菌繁殖加快而造成的感染。

（7）注意饮食卫生。要多饮水，每日补充 2000 毫升以上的水，以温淡盐开水或茶水为主，兼食瓜果和新鲜蔬菜。

（8）要静心度夏，遇事戒躁忌怒，安心调养，怡然自得。

（9）要提高防范中风的意识。少食多餐，切忌过饱过腻，以防胃肠道消化食物时与大脑争血，增加脑缺血性中风的风险。凡有心脑血管疾病、糖尿病者，应坚持服药，一旦出现心慌气短、头昏眼花、手足不灵、走路不稳、精神萎靡等症状，应及时就医。

4.2.8 干旱

1. 概述

干旱指某地在某一时段内的降水量比其多年平均降水量显著偏少，导致经济活动（尤其是农业生产）和人类生活受到较大危害，指因水分的收与支或供与求不平衡而形成的持续的水分短缺现象。这种水分的短缺可以表现为降水量的不足、土壤水分的缺乏或江河湖泊水位偏低等。从类型上，干旱可以分为气象干旱、农业干旱、水文干旱和社会经济干旱。在四类干旱中，气象干旱是一种自然现象，最直观地表现在降水量的减少，而农业、水文和社会经济干旱更关注人类和社会方面。气象干旱是其他三种类型干旱的基础。旱灾就是能造成损失的偶然性干旱，不是常年缺水或无水的干旱现象。

干旱是我国最常见、对农业生产影响最大的气候灾害，干旱受灾面积占农作物总受灾面积的一半以上，严重干旱年份比例高达 75%。据不完全统计，从公元前 206 年—1949 年的 2155 年间，我国发生过的较大旱灾有 1056 次，平均每两年就发生一次大旱，如 1928—1929 年陕西大旱，陕西全境 940 万人中受灾死亡达 250 万人。1949 年后，国家投入巨资兴修水利设施，扩大灌溉面积，大大改善了农业生产条件，提高了防御干旱灾害的能力。但受气候条件制约及随着社会经济发展，人口增长，农业、工业和城市生活用水急剧增加，加上水环境恶化，可用水量减少，我国干旱发生频率仍然很高，受灾面积大，干旱灾害呈加重趋势。据统计，近 50 多年来，我国平均每年干旱受灾面积达到 2217 万公顷。进入 20 世纪 90 年代，伴随着全球变暖趋势的加剧，我国北方干旱频繁发生，年均受旱面积上升至 2711 万公顷，严重干旱的 2000 年和 2001 年分别高达 4054 万公顷和 3847 万公顷。

2022 年 7 月下旬到 8 月下旬，我国长江中下游地区等地出现了范围较大、强度强的高温干旱天气，多地最高气温、高温日数破历史纪录，成为 1961 年以来持续时间最长的一次高温天气过程。全国平均高温日数

12.0 天，较常年同期多 5.1 天；914 个国家气象站日最高气温达到极端高温事件标准，262 个国家气象站日最高气温持平或突破历史极值；湖北竹山、重庆北碚、河北灵寿、云南盐津等地日最高气温达 44 ℃或以上。受高温天气影响，长江流域降雨量较常年同期偏少 4 成，长江干流及洞庭湖、鄱阳湖水位均为有器测记录以来同期最低，四川盆地到长江中下游地区出现了较重干旱。据应急管理部数据，此次高温干旱造成四川、重庆、湖北、湖南等 21 个省（区、市）3830.5 万人受灾，430 万人因旱需生活救助，农作物受灾 4076 千公顷，直接经济损失 328 亿元（孙博 等，2022）。

2. 特点

一是在时间分布上，干旱在我国一年四季均有可能发生，但发生频率和程度不同。

二是地域分布上，春旱主要发生在黄淮流域及其以北地区，华北地区发生春旱的概率在 70% 左右，有“十年九春旱”之说。有的年份春旱可持续到 6 月、7 月，形成春夏连旱，对农业生产影响严重。夏旱通常分为初夏旱和伏旱。初夏旱多发生在北方。伏旱多发生在秦岭—淮河以南到华南北部地区，以长江中下游多见。秋旱多发生在华中、华南地区。冬旱则主要发生在华南和西南东部地区。

3. 基本防御措施

（1）有关部门和单位按照职责做好防御干旱的应急工作；

（2）有关部门启用应急备用水源，调度辖区内一切可用水源，优先保障居民生活用水和牲畜饮水；

（3）压减城镇供水指标，合理安排农作物灌溉用水，限制大量农业灌溉用水；

（4）限制非生产性高耗水及服务业用水，注重防止水污染；

（5）气象部门人工影响天气作业人员待命，适时进行人工增雨作业。

4.2.9 雷电灾害

1. 概述

雷电是在雷暴天气条件下发生的伴有闪电和雷鸣的一种雄伟壮观而又令人生畏的放电现象（中国气象报社，2018）。因直接雷击而导致的人员或动物伤亡、火灾，因雷电波入侵、雷击电磁脉冲干扰而导致的电力系统、通信系统、雷达天线及其他电子信息系统故障或失效而产生直接经济损失或间接经济损失的现象统称为雷电灾害。雷电灾害作为自然界中影响人类活动的最重要灾害之一，已经被联合国列为“最严重的十种自然灾害之一”。雷电灾害的损失包括直接的人员伤亡和经济损失，以及由此带来的衍生经济损失和不良社会影响。据统计，每秒钟地球造就 1800 次雷雨，伴随 600 次闪电，其中有 100 个“炸雷”落至地面，破坏建筑物和发电、通信、影视设备，击伤人、畜，引发火灾，每年导致全球经济损失约 10 亿美元，死亡人数在 3000 以上。

2022 年，我国发生多起雷击事件，造成不小的人员和经济财产损失。5 月 28 日，四川省甘孜州石渠县德荣马乡一处海拔都在 4500 ～ 5000 米的高原上发生了一起雷击事件，7 名正在采挖虫草的村民被雷电击中身亡；8 月 24 日，云南省丽江市一对新人在玉龙雪山拍婚纱照时遭到雷击，新郎不幸遇难；8 月 26 日，安徽省芜湖市南陵县南陵广场上，数名市民遭遇雷击，4 人被雷击中，其中有两人不幸身亡（应急管理部救灾和物资保障司，2022）。

2. 特点

我国雷电灾害分布的主要特征如下：

一是存在地域分布差异，主要分布在新疆西北部、西藏中部、四川西部以及沿长江以南地区，云南南部、广东南部以及海南北部，年均雷暴日超过 90 天。

二是季节分布不均，我国雷电天气主要发生在 4—9 月，6—8 月是我国雷电灾害的高发期，此时雷电造成的伤亡人数占全年的 65%。

3. 基本防御措施

（1）密切注意雷电预警信息的发布。

（2）建筑物顶部安装避雷塔、针、带等装置，家用电器前端安装电源避雷器等装置，利用避雷装置将雷电流引入大地而消失。

（3）打雷下雨时，严禁在山顶或高丘地带停留，不要靠近高压变电室、高压电线和孤立的高楼、烟囱、电杆、大树、旗杆等，更不要站在空旷的高地上或在大树下躲雨，应尽快躲在低洼处或尽可能找房屋或干燥的洞穴躲避。

（4）雷雨时不要用金属柄雨伞；在郊区或露天作业时，不要使用金属工具，如铁撬棒等；在高山顶上不要开手机，更不要拨打或接听手机，以免被雷电击中。

（5）雷雨时不要触摸和接近避雷装置的接地导线，不要穿潮湿的衣服靠近或站在露天金属物体上。

（6）雷雨时在室内应离开照明线、电话线、电视线等线路，以防雷电侵入被其击伤。

（7）在雷雨天气不要去江、河、湖边游泳、划船、垂钓等。

（8）雷雨天气里尽量不要使用家用电器和太阳能热水器，发生雷击火灾时要尽快切断电源，不要带电泼水救火，要使用干粉灭火器等专用器材灭火，并迅速拨打“119”或“110”电话报警。

4.2.10 冰雹

1. 概述

冰雹是一种固态降水物，系圆球形、圆锥形或形状不规则的冰块，一般从积雨云中降下，春、夏、秋三季均可发生。冰雹直径一般为 5 ～ 50 毫米，最大的可超过 10 厘米（刘红年 等，2019）。一般情况下，冰雹的直径越大破坏力越大。冰雹常砸坏农作物，威胁人畜安全，雹灾是一种较严重的自然灾害。

雹灾是我国的严重气象灾害之一，除广东、湖南、湖北、福建、江西等省雹灾较少外，各地每年都会受到不同程度的雹灾。尤其是北方的山区及丘陵地区，地形复杂，天气多变，冰雹天气多，受害重，对农业危害很大，猛烈的冰雹打毁庄稼，损坏房屋，人被砸伤、牲畜被打死的情况也常常发生。

2017 年 4 月 5 日夜间，贵州省遭遇冰雹袭击，据民政部门初步统计上报汇总，此次灾害性天气过程导致贵阳市南明、乌当、白云、清镇共 4 个区（市）不同程度遭受风雹灾害。40204 人受灾，南明区因灾死亡 1 人，紧急转移安置 3 人；农作物受灾 1884 公顷，其中成灾 1681 公顷、绝收 18 公顷；因灾严重损坏民房 1 户 3 间，一般损坏民房 19 户 59 间。因灾直接经济损失 1781 万元，其中，农业经济损失 1653 万元，家庭财产损失 53 万元，基础设施损失 75 万元（王钦，2017）。

2. 特点

在我国，冰雹出现的范围较小、时间较短，但来势猛、强度大，并常常伴随着狂风暴雨、急剧降温等阵发性灾害性天气过程，具有以下几个特点：

一是局地性强，冰雹的影响范围一般宽几十米到数千米，长数百米到十几千米。

二是历时短，一次降雹时间一般只有 2 至 10 分钟，少数超过 30 分钟。

三是地形影响显著，地形越复杂，冰雹天气越易发生。

四是年际变化大，在同一地区，有的年份连续发生多次，有的年份发生次数很少，甚至不发生。

五是发生区域广，从亚热带到温带的广大气候区内均可发生，但以温带地区发生次数居多。

3. 基本防御措施

（1）关好门窗，妥善安置好易受冰雹影响的室外物品。

（2）切勿随意外出，确保老人小孩留在室内。

（3）暂停户外活动，如在户外，不要在高楼屋檐下、烟囱、电线杆或大树底下躲避冰雹。

（4）在防冰雹的同时，也要做好防雷电的准备。

（5）有防雹高炮的地区，其防雹作业人员应立即在岗待命，根据人工影响天气部门统一指挥开展消雹增雨作业。

4.2.11 霜冻

1. 概述

霜是指水汽在低于 0 ℃地面和近地面物体上凝华而成的白色松脆的晶状物；或由露冻结而成的冰珠。易在晴朗风小的夜间生成。霜本身对农作物并无直接影响，但结霜时的低温会引发农作物冻害，因此，霜冻是作物生长季因气温降到 0 ℃以下而使作物受害的一种农业气象灾害。霜冻多出现在春、秋转换季节，出现时往往伴随有白霜，也可能不伴白霜，不伴白霜的霜冻被称为“黑霜”或“杀霜”。霜冻是我国主要农业气象灾害之一，危害的作物种类繁多，粮食作物和经济作物都会受其危害。严重的霜冻灾害可使作物减产 30% 左右，甚至绝收。

2022 年秋季，受冷空气影响，9 月 20 日早晨，辽源、吉林市大部分区域、通化北部、白山、延边西部和北部、长白山保护区以及长春北部等地的 23 个市（县）地面最低温度低于 0 ℃，出现初霜冻，其他市（县）最低气温一般为 1 ～ 4 ℃，出现轻霜。此次霜冻过程对贪青晚熟地块作物灌浆成熟产生不利影响（周东魁，2022）。

2. 特点

我国霜冻在时、空分布上各地各不相同。

通常各地初霜冻出现的日期呈现出从北向南、从西向东推移的空间分布。海拔越高、纬度越高，初霜冻出现的时间也越早。

终霜冻日期的分布形式与初霜冻日期是相反的。海拔越高、纬度越高，终霜冻出现的时间也越晚。

青海、西藏等地有霜期长，可达 300 天左右。而华南沿海几乎全年无霜。

3. 基本防御措施

（1）政府及有关部门按照职责做好防霜冻准备工作。

（2）对农作物、蔬菜、花卉、瓜果和林业育种要采取覆盖、灌溉等保护措施。

（3）适时对经济作物采取田间灌溉、增温、覆盖、熏烟、喷雾和喷洒防冻液等措施，减轻冻害损失。蔬菜等育苗温室和大棚夜间应覆盖草帘。

（4）根据霜冻来的早晚，无霜期的长短，合理调整作物布局，选取早熟品种，避开霜冻时间。

（5）在播种方面，可采取适当深播，合理密植，多施磷钾肥，精耕细作，改良土壤等方法。

（6）科学种田，扩大地膜种植面积，不但保温保湿，还能提高地温。

4.2.12 大雾

1. 概述

雾是一种常见的天气现象，当低层大气中的水汽达到饱和状态时，水汽凝结物悬浮在空中形成白茫茫的天气，并使能见度的水平距离小于 1 千米，气象上把这种天气现象称为雾。大雾天气对交通影响很大，飞机不能起飞和降落，高速公路上行驶的汽车（图 4.2），湖面和海面航行的船舶等都可能因雾天能见度差引起交通事故多发。据统计，大雾引发的交通事故，高出其他灾害性天气条件的 2.5 倍，伤、亡人数分别占事故伤、亡总数的 29.5% 和 16.0%；另外，雾气中含有一些污染物，吸入人体后对人体健康也有不利影响；雾对农业生产的危害表现在连续数天大雾，农作物缺乏光照，影响作物生长和导致病害发生，如小麦抽穗期遇上连续 3 天以上的大雾就容易引发赤霉病。

我国一年四季都可能有雾发生，但主要发生在春、秋和冬季，夏季由于天气炎热，一般平原、丘陵地区雾比较少，我国雾日数大致是东部多、西部少。黄淮、江淮、江南及河北、四川、重庆、云南、贵州、福建、广东等年雾日一般在 20 天以上，局部地区可达 50 ～ 70 天；东北地区东南部和大兴安岭北部雾日可达 20 ～ 30 天，西北地区因气候干燥，很少出现雾，但陕西和新疆天山山区年雾日数也可达 10 ～ 30 天。

2018 年 11 月 19 日 07 时前后，因突发团雾，大广高速河南省驻马店段发生 28 车连环相撞，共造成 9 人死亡、9 人受伤（其中含 24 辆大货车和 2 辆小汽车）；09 时 30 分前后，G3 京台高速宁阳段发生多车相撞事故，造成 1 人重伤（有生命危险）、6 人轻微伤。据了解，事发地附近有浓雾，能见度不足 50 米。受大雾影响，河南省多处高速出入口临时封闭；11 月 12 日 07—08 时，青银高速高唐境内因突发团雾，造成两起交通事故。涉及 21 辆车，造成 16 辆车起火燃烧。事故造成 2 人死亡、9 人受伤（大河网，2018）。

图 4.2　浓雾下能见度降低，交通受影响

2. 特点

一是时间尺度上，我国春季雾的范围较小，集中在长江以南。夏季除江南外，北方的雾分布相对比较分散，秋、冬季雾的范围较大。我国内陆发生的雾主要为辐射雾，由于夜间地面辐射冷却使空气湿度达到饱和而形成大雾，所以秋、冬季大雾发生的范围较大，这是雾的形成基于温度条件而决定的。

二是空间区域分布上，大雾集中的区域主要在我国四川盆地、贵州东北部、云南西南部、汉水流域、华北中南部、江淮和江南大部分区域，其次是新疆天山以北、内蒙古东北部和黑龙江西北部及辽宁和吉林东部，而四川盆地、云南南部、湖南和江南东部是出现大雾最多的地区。

三是由于地形和局地条件的影响，大雾的分布很不均匀，集中的区域基本上分布在河谷盆地、沿海或高山站，这些地区容易满足大雾形成的风、湿、热条件。

3. 基本防御措施

（1）尽量不要外出，必须外出时最好戴上口罩。

（2）有晨雾时最好不要开窗。

（3）不要进行室外活动或露天集会。

（4）穿越马路要当心，要看清来往车辆。

（5）遇渡轮停航时，不要拥挤在渡口处。

（6）行车途中遇大雾，要紧靠路边停放，最好驶到道路以外，打开雾灯，千万不要坐在车内。

4.2.13 霾

1. 概述

霾也称灰霾，是指原因不明的因大量烟、尘等微粒悬浮而形成的大气浑浊现象。霾的核心物质是空气中悬浮的灰尘颗粒，气象学上称为气溶胶颗粒。霾与雾虽然常常同时出现，称为雾霾，但是两者有很大的区别，霾是由灰尘、硫酸、硝酸等粒子组成的，而雾是由大量悬浮在近地面空气中的微小水滴或冰晶组成的气溶胶系统，是近地面层空气中水汽凝结（或凝华）的产物。发生霾时相对湿度不大，而雾中的相对湿度是 90% 以上。霾的厚度比较厚，可达 1 ～ 3 千米，雾的厚度从几十米到一两百米。

霾的主要危害一是影响身体健康，霾的组成成分非常复杂，包括数百种大气化学颗粒物质。其中有害健康的主要是直径小于 10 微米的气溶胶粒子，它能直接进入并黏附在人体呼吸道和肺叶中，尤其是亚微米粒子会分别沉积于上、下呼吸道和肺泡中，引起鼻炎、支气管炎等病症，长期处于这种环境中还会诱发肺癌。霾天气还可导致近地层紫外线的减弱，易使空气中的传染性病菌的活性增强，传染病病例数增多。二是影响心理健康，阴沉的霾天气容易让人产生悲观情绪，使人精神郁闷，遇到不顺心的事情甚至容易失控。三是影响交通安全。出现霾天气时，视野能见度低，空气质量差，容易引起交通阻塞，发生交通事故。

1952年12月5日至9日，伦敦上空受反气旋影响，大量工厂生产和居民燃煤取暖排出的废气难以扩散，积聚在城市上空。伦敦被浓厚的烟雾笼罩，交通瘫痪，行人小心翼翼地摸索前进。市民不仅生活被打乱，健康也受到严重侵害，许多市民出现胸闷、窒息等不适感，发病率和病死率急剧上升。直至12月9日，一股强劲而寒冷的西风才吹散了笼罩伦敦的烟雾。据统计，当月因这场大烟雾而死的人数多达4000。此次事件被称为“伦敦烟雾事件”，成为20世纪十大环境公害事件之一（吴洋，2020）。

2. 特点

一是具有季节性、阶段性，冬、春季进入采暖季，从大气稳定性来说，冬季大气处于更稳定的状态，就会导致重污染过程频发，特别是在北方地区；6—7月夏收和9月底—10月初秋收的时候，由于季节转换和集中秸秆焚烧有些地区会发生重污染天气过程。

二是从地域空间分布来看，我国雾、霾天气主要有四个高发地区，分别是以京津冀为中心的雾、霾频发地区，另外是长三角，再有就是珠三角地区，还有四川和重庆一带，比较显著。

3. 基本防御措施

（1）尽量不要外出、不要举行露天活动，外出要适当防护，可以戴能过滤 $PM_{2.5}$ 的N95口罩。

（2）外出回家后要清洁脸部、鼻腔以及其他裸露在外的皮肤。

（3）其他请参见雾的基本防御措施。

4.2.14 道路结冰

1. 概述

道路结冰是指降水，如雨、雪、冻雨或雾滴碰到温度低于 0 ℃的地面而出现的积雪或结冰现象。通常包括冻结的残雪、凹凸的冰辙、雪融水或其他原因造成的道路积水在寒冷冬季形成的坚硬的冰层。一般来说，寒冬腊月，当出现大范围强冷空气活动引起气温下降的寒潮天气时，如果伴有雨雪，最容易发生道路结冰现象。出现道路结冰时，由于车轮与路面摩擦作用大幅度减弱，容易打滑刹不住车，就容易造成交通事故。行人也容易滑倒、摔伤，甚至出现骨折。

2017 年 1 月 26 日，哈绥高速公路骤降大雪，在大风天气影响下，路面出现雪雾、结冰等现象，能见度较低，哈绥高速 374 千米处附近区域相继发生 3 起多车连撞事故，共造成 7 人当场死亡、2 人受伤，45 辆车不同程度受损。哈大高速公路也发生 5 起多车相撞事故，共造成 7 人受伤。并导致沿线车辆临时滞留（解培华 等，2017）。

2020 年 11 月 17 日，黑龙江省哈牡高速公路牡丹江往哈尔滨方向一面坡路段 321 千米处，由于雨雪天气导致路面结冰，接连发生两起交通事故，车辆发生严重损毁，其中第二起交通事故甚至导致车辆起火（孙莹，2020）。

2. 特点

（1）时间分布上，我国道路结冰容易发生在 11 月到次年 4 月（即冬季和早春）的这段时间内。

（2）空间分布上，我国北方地区尤其是东北地区和内蒙古北部，常常出现道路结冰现象。

3. 基本防御措施

（1）行人减少外出，必须外出时注意防滑。

（2）驾驶人员应当注意路况，安全行驶。

（3）交通、公安等部门要按照职责做好道路结冰应对准备工作。

4.3 农业气象灾害

4.3.1 我国农业气候特点

我国气候有三大特点：冬冷夏热、冬干夏雨的季风性气候特征，显著的大陆性气候特点以及气候类型多样、气候资源丰富和气候灾害较多的特点（李桂梅，2014）。这种气候特点对我国农业生产的影响有利也有弊。

一是季风气候明显：我国整体属于大陆性季风气候，但就东部沿海地区的主要农业生产区而言，一般是温带或亚热带季风气候为主，海洋性较强。季风气候的“夏季炎热多雨，冬季寒冷干燥，雨热同期”的特点对农业生产极为有利。

受太平洋上的夏季风影响，我国东部季风区降雨量较为充足，对农作物、树木、牧草的生长和成熟有利；夏季高温，扩大了喜温作物生长的北界，因此我国是水稻生长北界最北的国家。

季风气候带来的降水差异大是对我国农业生产的主要不利因素。我国各地降水量季节分配很不均匀，全国大多数地区降水量集中在 5—10 月。这个时期的降水量一般约占全年的 80%。就南北不同地区来看，南方雨季开始早而结束晚，北方雨季开始晚而结束早。

我国降水量的这种时间变化特征，是与季风因锋面移动产生的雨带推移现象分不开的。5 月北上的暖湿气流与南下的冷空气在南岭一带相遇，雨带在此徘徊，华南雨季开始；6 月雨带随锋面推移到长江流域，并在长江中下游地区大约摆动 1 个月，阴雨连绵，此时正值梅子黄熟时节，称为长江中下游地区的梅雨季节；7—8 月雨带随锋面推进到华北、东北等地，我国北方降水量显著增加；9 月北方冷空气势力增强，雨带随锋面迅速撤回到长江以南，加上有台风暴雨配合，此时华南雨水仍较多。

由于每年夏季风的势力强弱变化大，所以常常出现“北旱南涝”或相反的灾害。还极易产生寒潮、霜冻和台风引起的灾害，影响农作物的收成。

但总体而言，季风气候对我国农业是利大于弊。

二是雨热同季：我国的季风特色不仅反映在风向的转换，也反映在干湿的变化上。形成我国季风气候特点为：冬冷夏热，冬干夏雨。这种雨、热同季的气候特点对农业生产十分有利，冬季作物已收割或停止生长，一般并不需要太多水分，夏季作物生长旺盛，正是需要大量水分的季节。基于这个气候特点，使我国的水稻、玉米和棉花等作物种植纬度向北推移，在亚热带季风气候区还能发展多种作物间、套、混作的高效种植模式。

三是气候资源丰富多样：我国横跨北温带、中温带、南温带、北亚热带、中亚热带、南亚热带、藏南亚热带、北热带、中热带和南热带，因此气候资源的另一个显著特点就是气候类型丰富。特别是我国南方地区是回归干旱带里面积最大的一个湿润丘陵山区。由于海拔高度、坡向与地形的复杂多样，气候类型很多。在其影响下，我国生物品种资源极其丰富，有许多举世罕见的稀有动物与植物，形成了特有的名优特产，具有广阔的开发前景。

热带气候优越，适于橡胶、咖啡、椰子等热带特产生产。南亚热带有甘蔗、荔枝、龙眼、紫胶等特产；中、北亚热带有柑桔、茶叶、油桐、油茶、漆树、苎麻、蚕桑等名特产；暖温带有苹果、梨、枣、板栗、烟等名优产品；中温带有甜菜、人参、鹿茸、貂皮、红松等特产；北温带有鹿茸和貂皮特产。粮食作物在不同的气候条件下也有不同的优质品种，如东北的大豆，华北的小麦，亚热带的油菜、蚕豆等。

四是气象灾害频繁：在季风性气候的作用和影响下，我国的气象灾害多且频繁，对农业生产造成各种不利的影响和制约。主要的灾害有旱、涝、低温、冻害、干热风、冰雹等。就整个东部季风区而言，这些灾害几乎每年都在一定范围内发生。干旱影响的范围最大，有春旱、伏旱、秋旱等危害各种农作物；涝灾在东北地区、华北平原、长江流域、华南地区都时有发生；沿海地区有台风灾害；在平原低洼地区有水淹或内涝；在山区暴雨造成冲刷和水土流失。低温是中温带和南方晚稻的主要灾害，柑橘、茶树、冬小麦等有冻害，华南有热带作物寒害发生。干热风主要危害北方冬小麦。冰雹局部毁坏农作物。

4.3.2 我国农业气象灾害种类及防御措施

几乎所有的气象灾害都会对农业生产带来有利或不利影响，凡是对农作物生长发育不利，并使产量和品质遭到一定损害的气象条件都称为农业气象灾害。常见的农业气象灾害有：寒潮、霜冻、冻害、冷害、倒春寒、干旱、干热风、涝害、湿害、大风、冰雹、雪灾等。

1. 寒潮对农业生产的危害及防御

寒潮对农业生产的危害有：秋季寒潮易形成早霜，对晚秋作物造成伤害，影响作物的成熟，如寒潮造成早霜影响棉花的产量和品质。春季寒潮造成晚霜对早春作物造成危害，冻伤作物的幼苗，如小麦拔节后遇寒潮会造成小麦冻害。寒潮有时会造成华南地区的低温阴雨天气，对我国南方春播作物的影响很大，尤其是对早稻影响最大。一方面，低温会大幅度推迟早稻种芽的长叶、生根，时间长了会引起种芽霉烂；另一方面，低温阴雨既会使秧苗受冻造成僵苗，也会使秧苗发育不良，抵抗力减弱，利于病菌繁殖，引起烂秧。强寒潮可深入到低纬度地区，引起强烈降温，危害热带经济作物橡胶树。北方寒潮引起的暴风雪还会使牧区牲畜因冻饿死亡。但寒潮也能给农业带来一些好处，寒潮带来的积雪对越冬作物有利，严寒可以冻死害虫，带来的雨雪能增加土壤水分，为来年农业生产创造有利条件。

为了更好地防御寒潮危害，应注意收听、收看有关寒潮的天气预报，采取各种有效措施，如农田周围栽种防护林，避免冷风的直接侵袭，选用耐寒的作物品种等。冬季寒潮发生时，为避免对我国北方冬小麦的危害应采取一些措施：加强麦田管理，对晚弱苗采取增施有机肥、浅锄盖土和镇压等措施，提高麦苗抵御严寒的能力。南方麦区要采取追施腊肥、培土壅根、覆盖保苗等措施，促进冬发，壮苗越冬。

2. 霜冻对农作物的危害及防御

霜冻通常是指植物生长季，由于土壤表面、植株表面以及近地面气层的温度，在短时间内下降至 0 ℃以下，足以引起农作物遭受伤害或死亡的一种低温灾害。霜冻对农作物的危害主要是因为低温使植物体内水分结冰，从而使作物的某些器官受到损伤，严重的能使作物死亡。霜冻后气温回升较慢时，对作物危害较轻。如果天气晴朗，气温回升剧烈，会造成尚未冻死的植物枯萎，甚至引起死亡，对农作物危害很大。霜冻对农作物的危害程度与霜冻强度以及霜冻的持续时间有关，同时也与作物的种类、品种和生长发育阶段有关。不同农作物以及一种作物的不同品种，耐寒能力都不一样，如春小麦、豆类、油料作物等耐寒能力最差。对同一种农作物来说，耐寒能力与其生长发育阶段有关，通常，作物在开花阶段耐寒能力最差。在生产中我们应区别不同的作物和品种以及生长发育阶段，了解其耐寒能力的强弱，采取适当防霜冻措施，以减轻或克服霜冻带来的危害。

防御霜冻的方法，第一是农业技术方法，选择和培育抗霜冻、早熟和高产的作物品种，根据天气条件，选择适宜的播栽期，避开易发生霜冻的时间以减少危害，然后根据地形的小气候合理配置作物品种。第二是采用物理化学方法，比如燃烧干草、秸秆或发烟剂使其放出大量的烟雾阻止夜间辐射冷却作用的熏烟法；霜冻前灌水增加土壤湿度，起到阻止降温的作用；覆盖地膜或者其他覆盖物在作物上，显著减弱辐射冷却，防止低温霜冻，还有近地面燃烧燃料加热地温形成地面逆温，从而保护作物免受霜冻冻害。

3. 冻害对农作物的危害及防御

冻害是指在寒冷冬季农作物越冬时，因温度过低而引起的对农作物造成伤害的现象，我国冻害在北部地区多系由冬季严寒所引起的，如冬小麦冻害常在我国西北和华北地区发生，冬油菜也易受到冻害。我国南方地区一般是寒潮侵入而发生的冻害，主要危害亚热带果树如柑橘等。

冻害的防御对策与措施包括以下几方面：一是培育耐寒良种，加强冬前管理，增强抗冻能力；二是利用和改善有明显冬暖效应的生态环境，比如北方冬麦区采取适时灌防冻水、返青水、沟播、盖土等技术，改善贴地层小气候条件，有效地避免或减轻冬小麦的冻害，也有显著的效果。在低温来临前及降温期间采取应急防寒抗冻措施，比如布设烟堆、加温器、安装风机等露天增温，利用覆盖物保护植物体的地上部和地下部，隔开外界冷源，果树在低温来临前喷施化学药剂抑制植株蒸腾，减少耗热，提高树体温度等，对易发生冻害的地区具有重要的生产意义。

4. 冷害对农作物的危害及防御

冷害是指农作物生育期间遭受到 0 ℃以上（有时在 20 ℃左右）的低温危害，引起农作物生育期延迟或使生殖器官的生理活动受阻，造成农业减产。直观上一般不易看出受害的明显症状，素有“哑巴灾”之称。不同地区的农作物种类不同，同一作物的不同发育期对温度有不同的要求。当气温在某一时段降到作物要求的温度以下时就会导致冷害，春季由于冷空气入侵，我国长江流域及其以南的广大地区，一般易出现持续的低温阴雨天气，引起烂秧死苗。秋季，西伯利亚高压开始增强，冷空气不定期地爆发南下，引起大范围降温，长江流域及华南地区双季晚稻抽穗扬花期会遇到低温冷害。夏季，东北地区会出现低温危害，形成东北低温冷害或夏季冷害。近年来，冷害对农业生产的威胁有越来越重的趋势，一方面是由于大的气候背景决定，如异常气象条件频繁出现，低温冷害发生概率上升，致使各地区农业产量很不稳定；另一方面是在实际生产过程中，人们为了追求高产，违背农业气候规律，采用不适宜的技术措施和耕作制度，过多地提高复种指数、引种晚熟品种，出现农业布局和作物生态类型不适应该地区热量条件，导致冷害频繁发生。

冷害的防御对策和措施包括以下四个方面：一是掌握低温气候规律，合理搭配品种，各地区可按不同品种播种至齐穗所需积温，调整不同品种的播栽期，做到在安全齐穗期内齐穗，避过低温冷害；二是加强低温冷害预报及其应用，根据长期趋势预报调整作物布局和品种搭配；三是通过选择避寒的小气候生态环境，建立保护设施使小气候生态环境改善和利用小气候生态环境，增强抗御低温的能力；四是加强田间管理，提高栽培技术水平，选用良种，优化种植方案，运用综合栽培技术防御低温冷害。

5. 倒春寒对农作物的危害及防御

倒春寒是指在春季升温后本应继续回暖时节，反而出现比常年温度明显偏低而对作物造成冷害的天气现象。春季气温上升，早春作物开始生长，多数果树陆续进入开花期，抗御低温的能力大为减弱，若这时出现倒春寒天气，北方冬小麦会被冻伤冻死，南方水稻面临烂秧、死苗，果树开花、坐果率会降低，其他春种作物生长发育也会受到严重影响。

防御措施包括：一是掌握倒春寒发生规律，及时收听有关倒春寒天气预报，农谚说“春天的天气，孩儿面”，说明春天的天气多变，时暖时冷，要抓住天气演变过程中的“冷尾暖头”抢晴播种；二是加强田间管理，改善农田小气候条件，如水稻栽培中对早稻秧田以科学排灌，在倒春寒到来时以深水护秧，采取“夜灌日排”“晴排雨灌”，调节秧田水热状况，有条件的地区可采取温室蒸汽或无土育秧，使整个早稻育秧过程完全在人工控制下，保证培育适龄壮秧；三是及早采取防寒措施，采取灌水、覆盖等措施；四是适当喷施一些植物生长调节剂可有效地提高早春作物抗寒、抗逆能力，如对露地越冬小麦、菠菜、薹菜、油菜、各种果树（苹果、梨、桃、杏、葡萄、花椒、香椿等）和早春定植的西瓜、甜瓜、甘蓝、莴苣、茄果类蔬菜等，适当喷施一定量的植物生长调节剂或氨基酸类产品，如氨基酸钙、腐殖酸等可显著增强植物营养体生长，提高抗逆性，改善植物的光合作用，提高叶绿素含量，促进植物协调吸收氮、磷、钾等元素，提高植物的抗寒能力，降低植物水分蒸腾，提高抗旱能力，促进根系生长，花蕾期使用可促进细胞生长和分裂，提高花粉受精能力和坐果率。

6. 干旱对农作物的危害及防御

旱灾是指某一年、季、月或旬的降水量比多年平均降水量显著偏少对农业生产所产生的危害，旱灾也称干旱。按干旱发生的原因可将干旱分为土壤干旱、大气干旱、生理干旱。土壤干旱是在长期无雨或少雨的情况下，土壤含水量降低，植物根系不能从土壤中吸收到足够的水分来补偿蒸腾的消耗，造成植株体内水分收支失去平衡，影响生理活动的正常进行，植物生长受到抑制，甚至枯死。大气干旱是在太阳辐射强、温度高、湿度低并伴有一定风力的天气条件下，植物蒸腾消耗的水分很多，即使土壤并不干旱，根系吸收的水分也不足以补偿蒸腾失水时，致使植物体内水分状况恶化，茎叶卷缩，甚至青干死亡。生理干旱是由于土壤环境条件不良，使根系的生理活动遇到障碍，如土壤溶液浓度过高，致使植物根系吸水困难而发生生理干旱。

旱灾的防御措施主要包括以下几方面：一是建设稳产高产的农田，做好农田土地平整，保土和保水工作；二是合理耕作，蓄水保墒，适时耕作，讲求耕作方法和质量，注意耕、耙、耱、压、锄等技术环节巧妙配合；三是兴修水利，节水灌溉，根据作物需水规律和适宜的土壤水分指标，在充分利用自然降水和土壤贮水的基础上，进行必要的补充灌溉，保证作物需水关键期供水和干旱期用水；四是利用地膜、秸秆等覆盖农田表面，可以有效抑制土壤无效蒸发，起到蓄水保墒效果；五是选择种植根系发达的抗旱品种，提高作物的抗旱能力；六是使用化学覆盖剂、保水剂、抗蒸腾剂达到防旱抗旱的效果。

7. 热害对农作物的危害及防御

高温对农业动、植物的新陈代谢、生长发育和产量形成的危害统称为热害。热害在不同地区和不同农业对象上的表现不同，水稻开花灌浆期遭受热害，表现为空壳、秕粒率上升，粒重减轻，成熟提前，产量下降。小麦生育后期的热害表现为植株早衰，叶片变黄，灌浆期缩短，严重的会导致青枯早死，籽粒干瘪而减产。棉花花铃期遇高温天气会造成蕾铃大量脱落。华南、长江中下游和华北地区，7—8 月高温使多种蔬菜生长不良，甚至不能越夏而死亡，华南、四川、重庆等地高温期更长，热害更重，甚至冬瓜等较耐热的蔬菜都不能正常生长。苹果、梨、桃、葡萄等果树的热害表现为果面灼斑和树皮坏死脱落，降低果品质量，为病菌侵入提供便利，严重的会使幼苗死亡。干热风作为热害的一种，出现在冬小麦开花灌浆期间，是由高温、低湿、热风三种要素共同作用所致，导致小麦籽粒无法正常灌浆而减产（图 4.3），主要分布在河北中部、南部、山东西部、河南北部以及郑州、洛阳，山西运城、临汾一带（赵云，2004）。高温对畜禽的危害表现为呼吸急促，脉搏加快，采食减少，产量下降，受精率降低，病害加重。

热害的预防措施主要包括以下几方面：一是根据当地气候，选种适宜的作物、品种和播期，使作物对高温的敏感期尽可能避开气候上的高温时段，以减轻热害；二是高温季节种植比较耐高温的蔬菜，如冬瓜、丝瓜等；三是科学灌水防御旱地作物高温热害；四是在高温出现时喷水，因为水的温度比气温低，水的蒸发又会消耗大量热能，能大幅度降低作物体温；五是间作套种，利用高秆作物遮阴，降低矮秆作物体温，减轻热害；六是喷施植物生长调节剂或其他药剂以减轻高温危害。干热风的防御，一是可通过植树造林，加强农田林网化建设；二是于干热风发生前及时浇水，或通过提高麦田田间小气候的湿度降低地温，或小麦生育后期向叶面喷施化学制剂，调节小麦新陈代谢的能力，增强株体活力。禽畜的热害防御是夏季屋顶喷白，降低舍温：喂西瓜皮、水草等清凉食物以减轻家畜热害。

图 4.3　干热风导致冬小麦灌浆受阻而减产

8. 洪涝和湿害对农作物的危害及防御

洪涝与湿害对农业生产的危害包括物理性破坏、生理性损伤和生态性危害。洪水泛滥毁坏水利设施，冲毁农田，撕破作物叶片，折断作物秸秆以至冲起作物造成物理性破坏。土壤水分过多时，旱田作物根系的生长及生理功能会受到严重的影响，进而影响地上部分生长发育，造成生理性损伤。长期在阴雨湿涝环境条件下，极易引发病虫害的发生和流行。洪水冲毁农田及水利设施后，使农业生产环境受到破坏，引起土壤条件、植被条件等的变化，影响洪涝灾害后作物的布局和品种调整等，造成生态性危害。

洪涝与湿害的防御措施主要包括以下几方面：一是加固河堤，疏浚河道，平坝行洪，退田还湖，修建水库拦蓄洪水，减轻水库下游的洪水灾害；二是通过合理的耕作栽培措施，改良土壤结构，增强土壤的透水性，有效减轻涝害程度；三是加强农田基本建设合理开沟，建立以排出浅层水和地表水的田内沟为中心，结合各种明渠、暗沟的排水渠道，使地表水、潜层水和地下水能迅速排出，以降低地下水位，防止或降低洪涝灾害的危害；四是在涝灾多发地区适当调整种植旱生与水生作物的比例，使涝灾影响的概率下降；五是封山育林，提升植被覆盖度，使地面疏松有利于降水入渗，减少地表径流，减轻和防止洪涝的发生。

9. 风害对农作物的危害及防御

风害通常是由瞬时风速超过 8 级的大风引起的灾害。风害主要由寒潮大风、台风、雷暴大风、龙卷等造成，对农业生产的影响主要表现在以下几方面：一是机械损伤，强风可造成作物和林木倒伏、折干、断枝、落叶、拔根、擦伤花器、落粒掉果等；二是生理危害，干燥的大风能加速植被蒸腾失水，造成叶片气孔关闭，光合速率降低，致使林木枯顶，作物萎蔫直至枯萎；三是风蚀沙化，在常年多风的干旱半干旱地区，大风使土壤蒸发加剧，吹走地表土壤形成风蚀；干旱草原开垦后，由于地表植被的破坏，在强烈的风蚀作用下，土壤很快沙化，沙丘迁移，埋没其附近农田、水源和草场；四是影响农牧业生产活动，大风破坏农牧业生产设施，造成生产交通中断，农用能源供应不足，影响牧区畜群采食，甚至受惊而散失。

风害的防御措施主要有以下几个方面：一是扩大地表绿色覆盖面积，确定合理的农牧过渡带，开源节流，涵养水源，提高自然降水的利用率，以阻止冬、春季风害和沙尘暴造成的危害；二是修筑完善的海堤防风系统，营造完整的农田防护林网，加强农田排水渠系建设，采取防风栽培，合理布局作物，降低由台风暴雨引发的洪涝灾害概率；三是盛夏期间，通过广泛植树造林，做好水土保持，减小空气对流作用，以减轻或破坏龙卷及雷暴大风形成的条件。增大地面水体面积，减小雷暴大风和龙卷的强度。

10. 冰雹对农作物的危害及防御

从强对流云中降下的冰雹，砸在农作物、畜禽和农业设施上造成的损失和破坏称为雹灾。冰雹的危害首先是由于它降落时的机械破坏作用，砸坏农作物的叶片、茎秆、穗（荚、果），造成叶片破碎、茎秆折断、植株倒伏、花果脱落、打伤畜禽、打破大棚塑料薄膜和温室玻璃等。其次是使作物受到突然的低温胁迫和造成土壤板结，还可能由此引起各种生理障碍和病虫害。

冰雹的防御措施主要有以下几方面：一是通过植树造林，绿化荒山秃岭，发展草业，改良沙丘、沙地：推广旱农技术，提高干旱、半干旱地区的植被覆盖率；加强水利建设，扩大灌溉面积等，使下垫面性质一致，温度变化缓和，削弱空气上升运动，减少冰雹灾害的发生；二是调整农业结构，了解冰雹的地区分布和发生季节，制定出以防为主的对策，通过选择品种和播期，使最不抗雹的生育期错开多雹时段，以尽可能避开其危害；三是在冰雹多发地区和时段，政府部门和气象部门开展人工消雹作业，减轻冰雹灾害；四是在冰雹来临前，及时覆盖保温被、遮阳网等可有效减轻灾害。

11. 雪灾对农作物的危害及防御

在冬季，牧区牲畜的正常生活需要适量的降雪，多雪以及少雪造成的农业灾害主要发生在牧区，俗称黑、白灾。降雪过多引起积雪过厚，雪层维持时间过长，掩没牧草，使牲畜采食困难，挨饿受冻掉膘而变得瘦弱，抵抗力大为降低，易引起疾病，造成母畜流产，老、弱、病、幼畜大量死亡，称为白灾。降雪过少或没有积雪，使牲畜吃不到雪，无法补充体内水分的消耗而造成的危害，称为黑灾。

防御措施主要包括：一是加强牧区草原基本建设，改良草场，建立草库，提高牧草产量和质量，建立草料库是抗御白灾的有效措施，在水热条件好的地区，扩大草场面积，建立饲草基地，入冬前备足草料，遇白灾时供应畜群食用；二是加强牧区的水利建设，是克服黑灾的关键措施，勘察地下水源，有计划地开发利用，通过打井、挖泉，建立饮水点，控制地表水，修筑贮水窖，通过引流、截潜流，把夏季的雨水汇集、贮藏在水窖中，供牲畜饮用，保证发生黑灾时牲畜能得到足够的水分补充；三是根据各地黑、白灾发生概率，调整过冬畜群的结构，过冬畜群中马匹所占的比重可以较高，牛的比重应低一些，根据当年饲料的储备情况，合理确定越冬牲畜的头数；四是经常发生严重白灾的地区配备破冰机械也是有效措施，当白灾强度不大时，可先放马群，以破坏冰雪层，再放牛群践踏，最后放羊群以及撒牛羊粪于雪面加快冰雪融化，可以取得较好的效果，当白灾强度很大，冰雪层很厚、很硬时，开动破冰铲雪机械，为牲畜吃草创造条件；五是转场，黑、白灾严重时要及时转移牲畜于有水或积雪较薄的牧场去；六是发展定居、半定居的放牧方式，在定居点发展种植业，为牲畜提供充足的饲草、饲料，搞好水利建设，保证人畜用水，建立塑料棚圈，在白灾时能有效保护牲畜。

参考文献

大河网，2018. 大广高速河南段因大雾 28 车相撞事故已致 9 死 9 伤 [ED/OL].（2018-11-20）大河网 .https：//4g.dahe.cn/news/20181120408874.

邓琦，2019. 近 19 年登陆我国台风中“利奇马”直接经济损失排第二 [N]. 新京报 .2019-08-14.

胡钰玲，赵中军，康彩燕，等，2017. 中国南方 2008 年与 2016 年两次低温雨雪冰冻天气过程对比分析 [J]. 冰川冻土，39（6）：1180-1191.

姜永育，2020. 科学防御龙卷风 [EB/OL].（2020-11-05）[2023-01-09].

中国气象局门户网站.https://www.cma.gov.cn/2011XZL/20100728/2010072807/201007/t20100728_3092883.html.

李桂梅，2014. 试论气候特征与农业气象服务[J]. 农业与技术，（9）：185，187.

李莹，赵珊珊，2022.2001—2020 年中国洪涝灾害与致灾危险性研究[J]. 气候变化研究进展，18（2）：154-165.

刘红年，徐玉貌，张宁，等，2019. 大气科学概论[M]. 南京：南京大学出版社.

娜日斯，王海军，2011. 草原雪灾研究[J]. 内蒙古草业，23（2）：46-49.

彭云峰，2009. 我国气象灾害及其应急管理研究[D]. 福州：福建师范大学.

全国气象防灾减灾标准化技术委员会，2023. 公众气象灾害防御行为指南台台风：GB/T 43237—2023[S]. 北京：中国标准出版社.

沈洁，李耀辉，胡田田，等，2014. 一次特强沙尘暴成因及近地面要素脉动特征[J]. 中国沙漠，34（2）：507-517.

孙博，王会军，黄艳艳，等，2022.2022 年夏季中国高温干旱气候特征及成因探讨[J]. 大气科学学报：1-9.

孙劭，李多，刘绿柳，等，2017.2016 年全球重大天气气候事件及其成因[J]. 气象，43（4）：477-485.

孙莹，2020.17 日晚哈牡高速多车相撞起火，未有人员伤亡[ED/OL].（2020-11-18）哈尔滨新闻网.https：//www.thepaper.cn/newsDetail_forward_10041726.

王钦，2017. 贵州遭受冰雹灾害南明区因灾死亡 1 人[ED/OL]（2017-04-06）. 人民网.

王炜，方宗义，2004. 沙尘暴天气及其研究进展综述[J]. 应用气象学报，15（3）：366-381.

吴洋，2020. 西安城市雾霾演进与治理研究（1912—2019 年）[D]. 西安：陕西师范大学.

夏军，王惠筠，甘瑶瑶，等，2019. 中国暴雨洪涝预报方法的研究进展[J]. 暴雨灾害，38（5）：416-421.

解培华，王舒，2017. 黑龙江哈绥高速交通事故已致 7 人死亡 45 辆车受损亡[ED/OL].（2017-01-27）中国新闻网.https：//www.chinanews.com.cn/sh/2017/01-27/8136788.shtml.

新华社，2022. 国务院调查组相关负责人就河南郑州“7·20”特大暴雨灾害调查工作答记者问 [N]. 人民日报，2022-01-22.

应急管理部救灾和物资保障司，2022.2022 年上半年全国自然灾害情况 [ED/OL].（2022-07-21）应急管理部 .http：//mem.gov.cn/xw/yjglbgzdt/202207/t20220721_418725.shtml.

赵云，2004. 小麦生产与干热风 INJ. 中国气象报，2004-04-29.

中国气象报社，2018. 雷电的定义 [ED/OL].（2018-7-17）. 中国气象局门户网站 .https：//www.cma.gov.cn/2011xzt/kpbd/lightning/2018050901/201807/t20180717_473563.html.

中国气象局，2021.2021 年中国十大天气气候事件评选结果揭晓！ [N]. 中国气象报 .2021-12.30.

周东魁，2022.20—21 日早晨我省局地最低温降至零下 [N]. 东亚经贸新闻 .2022-09-20

第5章

次生灾害及防御措施

气象次生灾害是指因气象因素（如暴雨）引起的洪水（山洪、流域性洪水、城市内涝）、地质灾害（山体滑坡、泥石流）、农业气象灾害、风暴潮、森林草原火灾、高温热浪、道路交通事故、酸雨、空气污染等其他灾害。

气象次生灾害的种类可分为：干旱引起的农业减产甚至绝收，工业、城市、农村因缺水严重影响生产、生活；高温引起的灼伤中暑、疾病流行、农作物逼熟减产；热带气旋（台风）引起的狂风、暴雨、洪水、渍涝；暴雨引起的山洪、泥石流、滑坡、内涝；霜冻冷害引起的作物、牲畜受冻死亡减产、疾病流行，水管、油管冻坏；冻雨引起的电线、树枝、道路结冰，交通受阻，电力供应中断；暴雪引起的道路结冰，动、植物受灾，河面、湖面、海面封冻，交通中断；大风（龙卷）引起的倒树、倒房、翻车、翻船；雷电引起的雷击人员伤亡，破坏输电线路；雾、霾引起的交通事故；空气质量下降，引发人体疾病；连阴雨引起的作物生长发育不良、发生和流行病虫害、粮食霉变；低空风切变引起的（飞机）航空事故；酸雨引起的土壤酸化和贫瘠、阻碍植物生长发育、导致水源水质恶化、腐蚀和破坏建筑物、桥梁、道路等工程设施以及文物古迹等（陆亚龙，2001）。

气象次生灾害的特点：种类多，涉及生产、生活的多个领域；范围广，全国范围都可能出现气象次生灾害；危害性大，可能造成重大经济损失和人员伤亡；突发性强，有的次生灾害例如泥石流几分钟之内就会发生，防不胜防；连锁反应显著，灾害性天气往往会形成或引发灾害链效应、如加重洪水、泥石流和植物病虫害等自然灾害，产生连锁反应（中国气象报，2015）。

5.1 洪水

5.1.1 洪水定义

洪水是暴雨、急剧融冰化雪、风暴潮等自然因素引起的江河湖泊水量迅速上升，或者水位迅猛上涨的一种自然现象，是一种常见的自然灾害。

洪水灾害由于特大的地表径流河槽不能容纳，洼地积水不能及时排出，或海面突然上升海水侵陆而泛滥成灾。

5.1.2 洪水的特点

我国洪水灾害的主要特点是：一是范围广，二是发生频繁，三是突发性强，四是损失大。我国的洪水灾害具有明显的季节性，主要发生在 4—9 月，如我国长江中下游地区的洪水几乎全部都发生在夏季。我国的洪水灾害区域性强，多发于东部季风区，青藏高寒区和干旱区虽偶有大雨、暴雨或融雪所引发的山洪，但发生频率极小，特别是西北干旱区，基本上没有洪涝灾害，洪涝灾害主要分布在长江、黄河、淮河、海河、珠江、松花江、辽河等七大河流下游和东南沿海地区，它的分布总体规律是东部多、西部少（图 5.1）；沿海地区多，内陆地区少；平原地区多，高原和山地少（李中平 等，2007）。

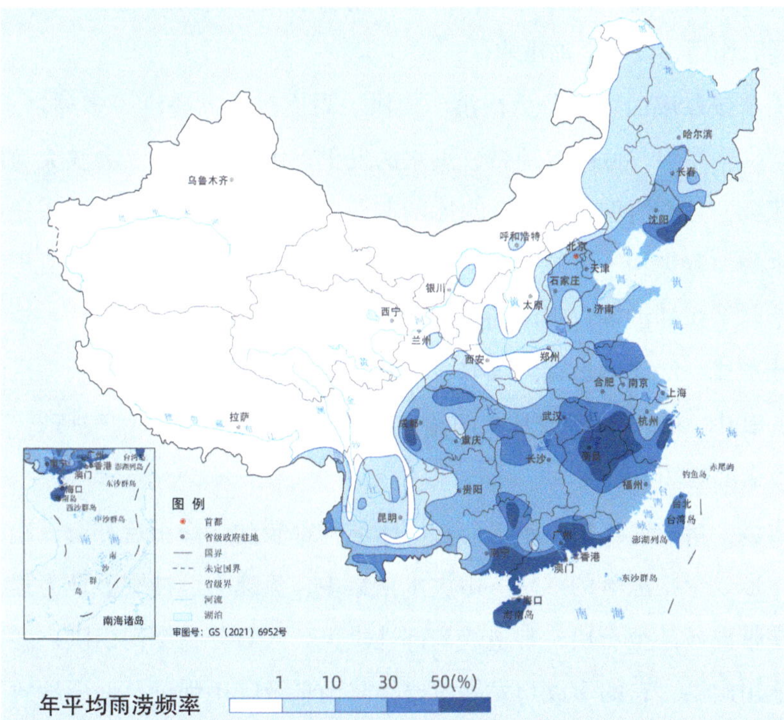

图 5.1　中国雨涝频率分布（1961-2006 年）

（来源：中国天气网，https：//hlj.weather.com.cn/tqyw/03/3528718.shtml）

5.1.3 洪水分类

洪水按出现地区的不同，大体上可分为河流洪水、海岸洪水和湖泊洪水。

河流洪水：根据形成的直接成因，可分为暴雨洪水、融雪洪水、冰凌洪水、冰川洪水、溃坝洪水与土体坍滑洪水等。其特点主要表现在具有明显的洪水产流与汇流过程、洪水传播、洪水调蓄与洪水遭遇的问题、洪水挟带泥沙以及洪水周期性与随机性等问题。

海岸洪水：主要成因是由大气扰动、天文潮、海底地震、海底火山爆发等因素形成的暴潮所造成，大致可分为天文潮、风暴潮、台风（飓风）、海啸等。

湖泊洪水：在中国通江的大型湖泊中，长江的洞庭湖、鄱阳湖等兼有河流与海岸洪水的一部分特性，由于河湖水量交换或湖面气象因素作用或两者同时作用，发生湖泊洪水。

洪水按照成因可以分为雨洪、山洪、融雪洪、冰凌洪等多种洪水。

雨洪：在中、低纬度地带，洪水的发生多由降雨形成。大江大河的流域面积大，且有河网、湖泊和水库的调蓄，不同场次的雨在不同支流所形成的洪峰，汇集到干流时，各支流的洪水过程往往相互叠加，组成历时较长涨落较平缓的洪峰。小河的流域面积和河网的调蓄能力较小，一次大雨就可能形成一次涨落迅猛的洪峰，雨洪可分为缓慢上涨的大洪水和暴洪两大类，其中，暴洪是突如其来的湍流，它沿着河流奔流，摧毁所有事物，具有致命的破坏力。

山洪：指山区溪沟由于地面和河床坡降都较陡，降雨后产流、汇流都较快，形成急剧涨落的洪峰。山洪水量集中，流速大、冲刷破坏力强，水流中挟带泥沙甚至石块，常造成局部性洪灾，一般分为暴雨山洪、融雪山洪、冰川山洪。它的形成与发展主要受降雨量及降雨强度、地形地质及人类经济社会活动的影响。我国山洪灾害的时、空分布特征与暴雨时、空分布特征及地形走向一致，主要分布于江南、华南和东南沿海的山地丘陵区以及东北大、小兴安岭和辽东南山地区，秦巴山区、陇东和陇南部分地区、西南横断山区、川西山地丘陵一带及新疆和西藏的部分地区，常呈带状或片状分布。山洪的特征包括：季节性强、频率高，在同一流域，甚至同一年内有可能发生多次山洪灾害，主要出现在汛期（4—9 月），集中在主汛期（6—8 月）；突发性强，山丘区小流域因流域面积和沟道调蓄能力小，沟道坡降大，流程短，洪水持续时间较短，但水位涨幅大、洪峰流量高，成灾非常迅速；群发性，溪流源头或沟谷两侧具有较高的临空面，经常出现崩塌，在暴雨中心范围内前期崩塌形成的松散堆积物，在暴雨作用下各支沟同时形成泥石流；易发性，由于山区经济发展相对落后，预警、预报设施不完善，不能及时采取有效措施减少洪灾损失，加之对山洪灾害的规律性研究不够，防御难度较大，山洪容易发生（张志彤，2007）。

图 5.2　四川省冕宁县 2020 年 6 月 26 日暴雨引发的山洪
（来源：凉山日报 2020.6-28https：//m.thepaper.cn/baijiahao_8026632）

2020 年 6 月 26 日 08 时至 27 日 08 时，四川省凉山彝族自治州冕宁县北部地区突降一场暴雨至特大暴雨（图 5.2），最大降雨出现在冕宁县城厢镇灵山寺站（211 毫米）。强降雨引发特大山洪，河沟改道，洪水漫流，高阳街道辖区内冕宁高速路口下方国道 248 线崩塌，导致 2 辆过往车辆坠河，彝海镇、高阳街道及灵山景区局部地区受灾严重。此次特大暴雨共造成 19 人遇难、3 人失联，2100 户 9880 多人受灾，农作物受灾 500 公顷，其中成灾 280 公顷、绝收 70 公顷；房屋严重倒塌 80 户 280 间；受损公路 10.5 千米，冲毁桥梁 5 座 370 米，受损堤防 1.5 千米，受损电力线路 3 千米。

流域性洪水：流域性洪水是指一个流域内出现强降雨或连续降雨、冰雪融化、冰凌等原因引起的江河水量迅速增加并伴随水位急剧上升的现象。我国流域性洪水可分大河流域洪水和山区小流域洪水，大河流域洪水又包括 7 个河流区域，分别是黄河流域洪水、长江流域洪水、淮河流域洪水、海河流域洪水、珠江流域洪水、辽河流域洪水和松花江流域洪水（图 5.3）。

图 5.3　流域性洪水：长江重庆朝天门段水位上涨
（来源：新华社客户端，2020-07-17，新华社记者 唐奕 摄）
（https：//baijiahao.baidu.com/s?id=1672448106577841392&wfr=spider&for=pc）

2020 年，长江发生了新中国成立以来仅次于 1954 年、1998 年的流域性大洪水，6—8 月长江流域累计面降雨量 708 毫米，较常年同期偏多 34%，7—8 月长江干流先后发生 5 次编号洪水，干流（宜宾以下，除枝城江段外）及两湖洞庭湖和鄱阳湖水位全线超警戒水位，部分堤段超保证水位，长江发生流域性大洪水，上游发生特大洪水），三峡水库出现 2003 年建库以来最大入库流量（75000 米^3/ 秒），流域内 14 个省（区、市）378 条河流发生超警戒水位以上洪水。共造成 5481 万人日次受灾，死亡 158 人，直接经济损失 1444 亿元。

融雪洪水：发生在高纬度严寒地区。因冬季积雪较厚，春季气温大幅度升高时，积雪大量融化而形成。

冰凌洪水：发生在中、高纬度地区。由较低纬度地区流向较高纬度地区的河流（河段），在冬、春季因上下游封冻期的差异或解冻期差异，可能形成冰塞或冰坝而引起。

溃坝洪水：水库失事时，存蓄的大量水体突然泄放，形成下游河段的水流急剧上涨甚至漫槽成为立波向下游推进的现象。冰川堵塞河道、壅高水位，然后突然溃决时，地震或其他原因引起的巨大土体坍滑堵塞河流，使上游的水位急剧上涨，当堵塞坝体被水流冲开时，在下游地区也可形成这类洪水。

湖泊洪水：由于河湖水量交换或湖面大风作用或两者同时作用，可发生湖泊洪水。吞吐河流湖泊，当入湖洪水遭遇和受江河洪水严重顶托时常产生湖泊水位剧涨，因盛行风的作用，引起湖水运动而产生风生流，有时可达 5 ～ 6 米，如北美的苏必利尔湖、密歇根湖和休伦湖等。

天文潮：海水受引潮力作用，而产生的海洋水体的长周期波动现象。海面一次涨落过程中的最高位置称高潮，最低位置称低潮，相邻高低潮间的水位差称潮差。加拿大芬迪湾最大潮差达 19.6 米，中国杭州湾的澉浦最大潮差达 8.9 米。

风暴潮：台风、温带气旋、冷锋的强风作用和气压骤变等强烈的天气系统引起的水面异常升降现象，多出现在中、低纬度沿海沿湖地区。它和相伴的狂风巨浪可引起水位上涨，又称风潮增水。

海啸：是水下地震或火山爆发所引起的巨浪。

城市内涝：指由于强降水或连续性降水超过城市排水能力致使城市内产生积水灾害的现象。造成内涝的客观原因是降雨强度大，区域集中，降雨特别急的地方可能形成积水，降雨强度比较大、时间比较长也有可能形成积水（图 5.4）。城市内涝发生在发展中国家的概率比较高，相比较而言，发达国家城市内涝概率要低一些。我国城市内涝以前主要发生在一些沿海地势比较低的地区，现在内陆城市也经常发生，立交桥、过街地下通道、铁路桥、公路桥地点发生率较高。我国城市内涝主要发生在夏、秋两季，集中在 6—8 月（吴玉成，2011）。

图 5.4　城市内涝导致道路积水

5.1.4 洪水防御

1. 洪水级别和预警

洪水级别。小洪水：重现期小于 5 年。中等洪水：重现期 5 ～ 20 年。大洪水：重现期 20 ～ 50 年。特大洪水：重现期超过 50 年（水利部，2008）。

洪水预警信号（表 5.1）。洪水预警信号是按照发展态势和可能造成的危害程度，依次用蓝色、黄色、橙色、红色标示（水利部水文司，2018）。

表 5.1　洪水预警信号

预警信号分类	含义	图标
蓝色预警信号	表示预计水位可能达到或超过警戒水位。标准：满足下列条件之一。(1) 水位（流量）接近警戒水位（流量）；(2) 洪水要素重现期接近5年	
黄色预警信号	表示预计水位可能接近保证水位。标准：满足下列条件之一。(1) 水位（流量）达到或超过警戒水位（流量）；(2) 洪水要素重现期达到或超过5年	
橙色预警信号	表示预计水位可能达到或超过保证水位。标准：满足下列条件之一。(1) 水位（流量）达到或超过保证水位（流量）；(2) 洪水要素重现期达到或超过20年	
红色预警信号	表示预计水位可能达到或超过堤防设计水位/堤顶高程/50年一遇水位。标准：满足下列条件之一。(1) 水位（流量）达到或超过历史最高水位（最大流量）；(2) 洪水要素重现期达到或超过50年	

2. 洪水防御

（1）政府及相关部门按照职责做好防范应对工作，加密监测、预报、预警，及时发布江河洪水信息，加强巡堤查险，及时发现、处置险情。

（2）居民应关注天气预报和当地防汛部门发布的江河水情、汛情信息，远离危险区域，及时转移避险。

（3）做好过水路面、临水岸边等区域交通管制，严禁车辆通过、人员靠近。

（4）撤离、转移河道行洪区内耕作、放牧等人员。

（5）船只暂停出港，涉水、临水项目停止作业。

（6）如果被洪水围困：必须迅速想办法向外界发出紧急求助信号，寻求救援，同时主动采取自救措施；在无法摆脱洪水围困的情况下，应迅速向屋顶、地势较高处或其他暂时安全的区域转移，等待外部救援。

（7）洪水过后，要做好各项卫生防疫工作，预防疫病的流行。

5.2 地质灾害

5.2.1 地质灾害定义

地质灾害是指由于自然产生或人为诱发的对人民生命和财产安全造成危害的地质现象。它包括自然因素或者人为活动引发的危害人民生命和财产安全的山体崩塌、滑坡、泥石流、地面塌陷、地裂缝、地面沉降等与地质作用有关的灾害。

5.2.2 地质灾害特点

（1）区域性：一般在数百至数千平方千米内出现。

（2）群发性：崩塌－滑坡－泥石流等在某一区域多灾种呈群体出现。

（3）同时性：巨大灾难在数十分钟或数小时内几乎同时出现。

（4）暴发性：滑坡，特别是泥石流的发生具有突然暴发性，宏观上完好的坡体突然滑塌或“奔流”，当地人称为“涡旋炮”或“山扒皮”。

（5）后续性：大型滑坡一般出现在降雨过程后期，甚至降雨结束后数天。

（6）成灾大：造成重大人员伤亡和各种财产损失。

5.2.3 地质灾害分类

地质灾害的主要类型有：地震、崩塌、滑坡、泥石流、水土流失、地面塌陷以及沉降、地裂缝、土地沙漠化、煤岩和瓦斯突出、火山活动等。

滑坡：指斜坡上的土体或者岩体，受河流冲刷、地下水活动、雨水浸泡、地震及人工切坡等因素影响，在重力作用下，沿着一定的软弱面或者软弱带，整体地或者分散地顺坡向下滑动的自然现象。滑坡的活动时间主要与诱发滑坡的各种外界因素有关，如地震、降温、冻融、海啸、风暴潮及人类活动等。大致有如下规律：同时性，有些滑坡受诱发因素的作用后，立即活动，如强烈地震、暴雨、海啸、风暴潮等；滞后性，有些滑坡发生时间稍晚于诱发作用因素的时间，如降雨、融雪、海啸、风暴潮及人类活动之后；滑坡灾害易发于地形高差大的峡谷地区，如断裂带、地震带，易滑（坡）的岩、土分布区；暴雨多发区，我国滑坡灾害分布基本特点是西部地区多于东部地区，南部地区多于北部地区，其中西南地区是滑坡分布最集中、发生频率最高的地区。

2015年12月20日11时42分，广东省深圳市光明新区凤凰社区恒泰裕工业园发生山体滑坡（图5.5）。其附近西气东输管道发生爆炸，导致煤气站爆炸，20栋厂房倒塌，多人被困。此次灾害滑坡覆盖面积约38万平方米，淤泥渣土厚度达数米至数十米不等，造成附近的恒泰裕、柳溪、德吉成三个工业园33栋（间）建筑物被掩埋或不同程度损毁，涉及企业15家，包括厂房14栋、办公楼2栋、饭堂1间、宿舍楼3栋，其他低矮建筑物13间。事故造成73人死亡、4人失踪，直接经济损失8.8亿余元。

图5.5 深圳市山体滑坡航拍

（来源：新华网 http：//www.gd.xinhuanet.com/zt15/szsthp/index.htm）

崩塌：是指较陡的斜坡上的岩土体在重力的作用下突然脱离母体崩落、滚动，堆积在坡脚的地质现象。

泥石流：是指在山区或者其他沟谷深壑、地形险峻的地区，因为暴雨、暴雪或其他自然灾害引发的山体滑坡并携带有大量泥沙以及石块的特殊洪流。泥石流具有突然性以及流速快、流量大、物质容量大和破坏力强等特点。我国泥石流主要集中分布于西南地区和秦巴山地区，其他的山地丘陵区泥石流灾害分布零散；沿青藏高原四周边缘山区，横断山—秦岭—太行山—燕山一线成密集带集中分布。其中分布在西藏、四川、云南、甘肃多是雨水泥石流，青藏高原则多是冰雪泥石流。我国泥石流的爆发主要是受连续降雨、暴雨影响，尤其是特大暴雨集中降雨的激发，具有明显的季节性和周期性，一般发生在多雨的夏、秋季，西南地区的泥石流多发生在6—9月，西北地区多发生在7—8月。

2010年8月7日22时前后，甘肃甘南藏族自治州舟曲县城东北部山区突降特大暴雨，降雨量达97毫米，持续40多分钟，引发三眼峪、罗家峪等4条沟系特大山洪地质灾害，泥石流长约5千米，平均宽度300米，平均厚度5米，总体积750万立方米，流经区域被夷为平地（图5.6）。舟曲“8·7”特大泥石流灾害中遇难1557人、失踪284人，舟曲县城区1850多间商户被掩埋或遭受水淹，总面积超过4.7万平方米，经济损失高达2.12亿元。

图5.6　舟曲特大山洪泥石流灾害受灾核心区域

地面塌陷：是指地表岩、土体在自然或人为因素作用下向下陷落，并在地面形成塌陷坑的自然现象。

5.2.4 地质灾害防御

1. 地质灾害级别和预警

地质灾害级别按照《地质灾害防治条例》（国务院〔2003〕394 号令），将其危害程度和规模大小分为特大型、大型、中型、小型地质灾害：

（1）特大型地质灾害：因灾死亡 30 人或以上，或因灾造成直接经济损失 1000 万元以上的地质灾害。

（2）大型地质灾害：因灾死亡 10 人或以上、30 人以下，或因灾造成直接经济损失 500 万元以上、1000 万元以下的地质灾害。

（3）中型地质灾害：因灾死亡 3 人或以上、10 人以下，或因灾造成直接经济损失 100 万元以上、500 万元以下的地质灾害。

（4）小型地质灾害：因灾死亡 3 人以下，或因灾造成直接经济损失 100 万元以下的地质灾害。

地质灾害气象预警，是指自然资源部门和气象部门依据当前环境发布的灾害预警（表 5.2）。地质灾害气象预警、预报信息每年汛期（5—9 月）在中央电视台天气预报节目中和中国地质环境信息网上发布，目的是提醒被预警区的干部和群众防范滑坡、崩塌和泥石流灾害。

表 5.2　地质灾害气象预警等级

等级	含义	预警类型	措施
一级	提醒级，24 小时内，灾害发生可能性很小		启动重要地质灾害隐患点的群测群防巡查
二级	提醒级，24 小时内，灾害发生可能性较小	蓝色预警	预报、预警时间内对重要地质灾害隐患点 24 小时监测

续表

等级	含义	预警类型	措施
三级	注意级，24小时内，灾害发生可能性较大	黄色预警	预报、预警时间内启动地质灾害隐患点群测群防，并24小时监测；采取防御措施，提醒灾害易发地点附近的居民、厂矿、学校、企事业单位密切关注天气预报，以防天气突然恶化
四级	预警级，24小时内，灾害发生可能性大	橙色预警	启动受地质灾害隐患点威胁区居民临时避让方案；暂停灾害易发地点附近的户外作业，各有关单位值班指挥人员到岗准备应急措施。组织抢险队伍，转移危险地带居民，密切注意雨情变化
五级	警报级，24小时内，灾害发生可能性很大	红色预警	启动不稳定危险斜坡威胁区居民临时避让方案；紧急疏散灾害易发地点附近的居民、学生、厂矿、企事业单位人员，关闭有关道路，组织人员准备抢险

2. 地质灾害防御

政府部门要做到：

（1）相关部门切实做好地质灾害的调查工作，在调查的基础上编制相应的地质灾害防治规划；在地质灾害比较容易发生的地方，扎实做好工程建设地质灾害危险性的评估工作，完善地质灾害的评估制度。

（2）科学建立地质灾害的预报机制，提高地质灾害的预报准确度。

（3）对从事地质灾害危险性评估的单位进行资质管理制度。经评估认为可能引发地质灾害或者可能遭受地质灾害危害的建设工程，应当配套建设地质灾害治理工程。

（4）完善地质灾害的各项应急预案，不定期开展实战演练，提高地质灾害的应急处理能力。

（5）向广大人民群众普及、强化地质灾害相关知识，提高公众防灾、避灾的能力。

（6）地灾预报、预警发布后，启动地质灾害隐患点群测群防，并 24 小时监测；采取防御措施，提醒灾害易发地点附近的居民、厂矿、学校、企事业单位密切关注天气预报，制定避让方案；暂停灾害易发地点附近的户外作业，指挥人员到岗准备应急措施。地灾发生后及时组织抢险队伍，转移危险地带居民，密切注意雨情变化。

居民地灾应急自救：

（1）不要立即进入灾害区搜寻财物，以免再次发生滑坡。

（2）立即派人将灾情报告政府。偏远山区地质灾害发生后，道路、通信毁坏，无法与外界沟通。应该尽快派人将灾情向政府报告，以便尽快开展救援。

（3）迅速组织村民查看是否还有滑坡、崩塌发生的危险。

（4）查看天气，关注是否还有暴雨。

（5）将压埋在泥浆或倒塌建筑物中的伤员救出后，应立即清除口、鼻、喉咙内的泥土及痰、血等，排除体内的污水。对昏迷的伤员，应将其平卧，头后仰，将舌头牵出，尽量保持呼吸道的畅通，如有创伤应采取止血、包扎、固定等方法处理，然后转送急救站（刘素君 等，2017）。

5.3 森林、草原火灾

5.3.1 森林、草原火灾定义

森林、草原火灾是指森林或草原的可燃物在有利于燃烧的条件下，接触人为火源或自然火源之后，发生燃烧、蔓延，对森林或草原造成不同程度的损害的灾害。森林草原火灾突发性强、破坏性大、处置救助困难，全球每年发生森林火灾约 20 万起，烧毁林园数百万公顷，烧死人员上千。我国森林火灾每年约发生 1.6 万次，毁林 100 万余公顷，占整个造林面积的 1/3，草原火灾易发区占 1/3，频发区占 1/6。森林草原是水资源和生态环境保护的重要组成部分，也是社会经济可持续发展的动力，保护森林草原不仅保护了水资源和生态环境，也为社会经济的可持续发展提供了有力保障（《气象信息员工作手册》编委会，2009）。

2020 年 3 月 30 日 15 时 35 分，四川省凉山州西昌市经久乡和安哈镇交界的皮家山山脊处发生森林火灾，在救援过程中因火场风向突变、风力陡增、飞火断路、自救失效，致使参与火灾扑救的 19 人牺牲、3 人受伤。这起森林火灾造成各类土地过火总面积 3047.78 公顷，综合计算受害森林面积 791.60 公顷，直接经济损失 9731.12 万元。

5.3.2 森林、草原火灾特点

1. 森林火灾的特点

呈季节性变化。夏季降雨量大，森林湿度较大，森林火灾的发生概率相对较低；春、秋季降雨量较小，天气干爽，森林湿度较小、风力大，森林火灾的发生概率更高；而冬季气温比较低，发生森林火灾的可能性也得以降低。

呈地域性特点。东北、华北地区在春、秋季天气晴朗、降水量小、植被干燥，较容易发生火灾。西南地区春、秋、冬季降水量都较少，常年干旱，天气晴朗，风力较大，火灾发生率较高。华南地区冬季和早春干季，降雨有限，较易引发火灾。东北、西南、华南等地森林覆盖面大，山地较多，更容易引起森林火灾；而华中、西北等地由于多丘陵、沙漠、平原，则不太容易引发森林火灾。

火灾蔓延速度快。由于森林的特殊性，火灾会很容易在风力的推动下迅速蔓延，地表火的蔓延速度一般在 10 千米 / 小时，而树冠火则可达到 15 千米 / 小时，风力增大，火势蔓延速度也会加快。

火灾损毁面积大。由于森林的面积较大，火灾发生时不一定能发现，而发现火灾时往往已经蔓延了相当大的面积，不断地蔓延甚至出现新火场，火灾扑救难度大，一般损毁的面积都比较巨大。

2. 草原火灾的特点

草原火灾突发性强。草原面积大，地势平坦，可燃物易燃，一旦发生火灾，在大风作用下，火势迅猛扩展，难以控制；由于草原地区风向多变，常常出现多叉火头，蔓延速度快，形成火势包围圈，人、畜转移困难，极易造成人、畜伤亡，危害严重。

草原火灾季节性明显。我国草原火灾一般多发生在每年的春季（3—6 月）和秋季（9—11 月）。春季随着草原积雪逐渐融化，高温、大风天气增多，进入草原火灾高发期；秋季草原植被开始枯黄，降雨减少，较易发生草原火灾。

5.3.3 森林、草原火灾分类

森林、草原火灾类型根据燃烧的植被类型划分为森林火、灌丛火和草地火，这三种火灾在我国十分常见。

根据森林火灾燃烧部位、蔓延速度、受害部位和程度，大致可把森林火灾分为三大类：地表火、树冠火、地下火。

地表火：最常见的一种林火，指火从地表面地被物以及近地面根系、幼树、树干下皮层开始燃烧，并沿地表面蔓延的火灾。

树冠火：指地表火遇到强风或遇到针叶幼树群、枯立木或低垂树枝，烧至树冠，并沿树冠顺风扩展。

地下火：地下火一般容易发生在干旱季的针叶林内，火在林内根系、土壤表层有机质及泥炭层燃烧，蔓延速度慢，温度高，持续时间长，破坏力极强，经过地下火的乔木、灌木的根部被烧坏，大量树木枯倒。

5.3.4 森林、草原火灾的防御

1. 森林、草原火灾等级

根据国家林业和草原局《林业和草原主要灾害种类及其分级（试行）》的规定（林防发〔2021〕85 号），森林、草原火灾等级划分为火警、一般火灾、重大火灾和特大火灾 4 级。各级指标见表 5.3。

5.3　森林、草原火灾等级划分指标（单位：平方千米）

火灾等级	森林火灾	草原火灾
火警	＜1	＜100
火灾	1～100	100～2000
重大火灾	100～1000	2000～8000
特大火灾	≥1000	≥8000

2. 森林、草原火灾防御

防御措施：

（1）做好宣传，健全法规，依法护林防火。在防火期间严格控制进山人员，在林区生产要严格遵守操作规程。火险高峰期严格禁止野外用火。

（2）健全各级防火结构，建立专业扑火队伍，改进森林草原消防设备和机具。

（3）加强森林、草原火灾的监测预报。

（4）在森林、草原布局中要按照规划开设防火隔离带，隔一定距离种植含水量大不易燃烧的树种作为防火林带。

森林、草原火灾扑救原则：

（1）集中力量彻底扑灭。

（2）抓住有利时机。如火灾初期，下雨、有雾、无风等。

（3）牺牲局部，保全大局。

（4）彻底清理火场，防止死灰复燃。

森林、草原火灾灭火方法：

（1）直接灭火方法（也称积极灭火法或进攻型灭火方法）。直接灭火方法是使用灭火机具直接与火交锋，使火停止燃烧。这种方法一般适用于弱度、中度地表火（人能靠近灭火），不适合猛烈燃烧的大火或树冠火。直接灭火法采用的机具很多，可以使用机械扑火工具，也可以用化学灭火药剂、水、土。

（2）间接灭火法。主要是建立防火隔离带，如开防火线、挖防火沟、以火攻火等。它主要适用于猛烈燃烧的地表火、树冠火和难灭的地下火。

（3）爆破法。兼有直接和间接灭火作用，可将土抛到可燃物上，产生强气流，爆炸时还能吸收大量氧气。可事先埋设或制成灭火弹投掷。

森林、草原火灾扑灭后的善后和恢复：

（1）彻底清理现场，消除火种，防止复燃。

（2）调查起火原因和损失，总结经验教训，对责任人依法处置。

（3）对受害群众进行安置救助，组织重建家园，恢复生产。

（4）抢运可利用的火烧木，暂时运不出去的就地加工或喷防腐剂后堆放。

（5）根据火灾程度和不同土地条件，制定恢复计划。

5.4 高温热浪

5.4.1 高温热浪定义

受地理、社会和经济等多方面的影响，世界各国和地区研究高温热浪所采取的方法不同，高温热浪的标准和定义也存在很大不同。目前国际上还没有统一而明确的高温热浪标准。我国一般把日最高气温达到或超过 35 ℃时称为高温，连续数天（3 天或以上）的高温天气过程称之为高温热浪（或高温酷暑）（黄卓 等，2011）。

全球变暖和热岛效应是高温热浪形成的主要原因。全球变暖是北半球及我国夏季高温热浪事件频繁出现的大背景。近百年来，地球气候正经历一次以全球变暖为主要特征的显著变化，这种全球性的气候变暖是由自然的气候波动和人类活动共同造成的，城市化造成的热岛效应加强了极端高温事件的剧烈程度。随着经济快速发展，城市化进程的加快，人口、生产、交通集中，在工业生产、家庭生活、机动车行驶等方面消耗能源的同时，都有一定的废热排放，使城市区域增加许多额外的热量收入。同时城市规划建设使土地利用发生变化，植被减少等，城市化造成的热岛效应加剧了极端高温的酷热程度。

2022 年 6 月 13 日—8 月 30 日，我国出现大范围持续性高温天气，综合强度达到 1961 年以来最强。截至 8 月 30 日，中央气象台连续发布高温预警 41 天（8 月 30 日解除），其中连续发布高温红色预警 12 天。

此次高温天气过程主要经历了 3 个阶段：6 月 13—26 日，主要影响北方地区；7 月 5—17 日，影响南方地区；7 月 21 日—8 月 30 日，经过短暂间歇，南方再次出现持续高温天气。

294 个站日最高气温破历史纪录。此轮高温天气呈现持续时间长、影响范围广、极端性强等特点。四川盆地、陕西南部、江汉、江淮、江南等地 35 ℃以上高温日数 20～40 天，浙江西南部、江西东北部等地高温“全勤”，达 41 天；四川东部、重庆、湖北西北部、浙江中部等地 40 ℃以上高温日数 10～20 天，重庆北碚达 29 天；重庆沙坪坝 8 月 19—21 日连续 3 天经历全天候（24 小时）高温天气。

持续性高温天气影响范围广、影响人口多。高温期间，35 ℃、37 ℃和 40 ℃以上高温影响面积分别达 452.9 万平方千米、328.6 万平方千米和 141.8 万平方千米，影响人口分别达 10.5 亿、8.1 亿和 3.0 亿。

大范围站点高温突破历史极值。四川、湖北、浙江、江西、重庆、江苏、福建、贵州、湖南、陕西等地共 294 个国家气象观测站的日最高气温突破历史极值。四川德阳、遂宁连续 6 天突破历史极值。

高温“烤”验各行各业。此次高温天气期间，南方地区大部分区域降水量较常年同期偏少。长江流域气象干旱持续发展，对处于产量形成关键期的一季稻、玉米和大豆等作物开花授粉产生不利影响，部分作物受旱严重、植株发黄枯萎；江南茶区大部分区域出现轻至中度高温热害，局地茶树发生日灼，部分地区柑橘、芒果、香蕉、百香果等出现裂果、落果、日灼伤害等现象。

南方地区的江河、库塘蓄水明显减少。气象卫星监测显示，8 月 21

日，鄱阳湖和洞庭湖水体面积较近 10 年同期平均值减少约 65% 和 60%，为近 10 年最小。鄱阳湖提前 100 天进入枯水期；嘉陵江部分河段河床露出，出现“汛期反枯”现象。

四川、重庆等地森林火险等级高，重庆涪陵、巴南、北碚、大足、铜梁、开州及四川泸州、贵州赤水等多地暴发山火。

持续高温使得能源供应紧张，多地采取限电措施。四川启动突发事件能源供应保障一级应急响应；重庆调整商场营业时间，压降用电负荷；上海宣布暂停开放黄浦江沿岸外滩、北外滩等景观照明；江苏、浙江多个工厂安排错峰生产，让电于民。此外，热射病也逐渐走进大众视线。

5.4.2 高温热浪特点

我国除东北、青藏高原极少或不出现高温天气外，其他地区均会出现不同程度的高温天气。华北东部和南部、黄淮西部、长江中下游地区、华南（除沿海地区）及云南南部、新疆中部和南部、内蒙古西北部年高温日数有 10 ～ 20 天，南疆盆地东部超过 30 天。盛夏季节，长江中下游地区常在西太平洋副热带高压控制下，出现高温酷热天气，是我国夏季热浪袭击的重灾区。梅雨季过后的 7—8 月，一般年份都会出现 20 ～ 30 天的高温天气，梅雨期短的年份高温日数可超过 40 天。近 50 多年全国平均高温日数呈现先减后增的态势，20 世纪 50 年代至 80 年代初高温日数减少，80 年代初开始呈现明显增多的趋势。西北、华北高温日数存在线性增多的趋势，华南地区增多趋势最为明显（沈皓俊，2018）。

5.4.3 高温热浪分类

由于人体对冷热的感觉不仅取决于气温，还与空气湿度、风速、太阳热辐射等有关，因此，不同气象条件下的高温热浪可分为干热型和闷热型两种类型。

干热型高温热浪： 气温极高、太阳辐射强而且空气湿度小的高温天气，被称为干热型高温。在夏季，北方地区如天津、石家庄、济南、郑州、西安、吐鲁番等地经常出现。

闷热型高温热浪： 由于夏季水汽丰富，空气湿度大，在气温并不太高（相对而言）时，人们的感觉是闷热，就像在蒸笼中，此类天气被称为闷热型高温。由于出现这种天气时人感觉像在桑拿浴室里蒸桑拿一样，所以又称“桑拿天”。在天津、济南以及长江中下游、华南等地经常出现。

5.4.4 高温热浪防御

在经常受高温热浪袭击的地区，房屋建筑设计应考虑安装空调等设施，没有条件的地方要注意房屋通风。

在热浪袭击之前，要根据气象部门的预报，及时做好供电、供水和防暑医药等的供应准备。

在热浪袭击时，保证清凉饮料供应，改善休息条件、医疗条件，及时抢救中暑病人。切忌在太阳下长时间裸晒皮肤和阳光下疾走，要尽量避开在 10 时至 16 时这一时段出行，做到户外工作采取有效防护措施，注意饮食卫生，保持充足睡眠，预防日光照晒后日光性皮炎的发生。加强对特殊人群的关照，特别是老人和小孩，出现头晕、恶心、口干、迷糊、胸闷气短等症状时，应怀疑是中暑早期症状，应立即休息，喝一些凉水降温，病情严重应立即到医院治疗。

5.5 空气污染

5.5.1 空气污染定义

空气污染是指由于人类活动或自然过程引起某些物质进入大气中，呈现出足够的浓度，达到足够的时间，并因此危害了人类的舒适、健康和福利或环境的现象（图 5.7）。空气污染物的种类包含很多，可分为四大类，分别为气态污染物（包括硫氧化物、一氧化碳、氮氧化物、碳氢化合物、氯气、氯化氢、氟化物、氯化烃等）、颗粒污染物（包括悬浮微粒、煤烟、黑烟、酸雾、落尘等）、二次污染物（指污染物在空气中再经光化学反应而产生的污染，包括光化学雾、光化学性高氧化物等）及恶臭物质（包括氯气、硫化氢、硫化甲基、硫醇类、甲基胺类）（《气象信息员工作手册》编委会，2009）。

图 5.7　空气污染
（来源：中国天气网 http：//p.weather.com.cn/2020/03/3302783.shtml）

2007 年 4 月 5 日，上海市灰黄的天空让市民一片惊呼。根据上海市环保局空气质量检测数据，当日上海可吸入颗粒物日均浓度达 0.623 毫克 / 米 ^{3}，为 2006 年日均值的 7 倍左右，是上海有可吸入颗粒物测量史以来的最高值；与此同时，空气污染指数达到 500 的高峰值，为 2000 年 6 月 1 日上海发布空气污染指数以来的最高值，也是6年来最严重的浮尘天气。

5.5.2 空气污染特点

空气污染的特点主要是由能源结构决定，分为煤炭型、石油型、混合型三种。

煤炭型：这一类型大气污染中，以烧煤排出的大量二氧化硫、煤烟和灰尘为特征。

石油型：这一类型大气污染是由于汽车排出的大量氮氧化物、一氧化碳和碳氢化物废气与工厂烟囱排放的废气，经阳光紫外线照射作用，生成臭氧、醛类、过氧乙酰硝酸酯，形成学化学烟雾。

混合型：除了来自煤炭和石油的污染物外，还有从工业区排出的各种化学物质。

我国城市空气污染大多属于煤烟型污染，二氧化硫和总悬浮颗粒物浓度都比较高，酸雨态势扩大，出现酸雨的城市占全国城市的半数以上，总悬浮颗粒物中粒径大于10微米粗粒占相当大比例，从分布上来看，主要集中在南方。

5.5.3 空气污染分类

空气污染的类型很多，已经发现有危害的100多种，大气污染物根据化学、物理性质的不同可分为：

还原型污染：常发生在以使用煤炭和石油为主的地区，主要污染物有二氧化硫、一氧化碳和颗粒物。

氧化型污染：汽车尾气污染及其产生的光化学污染。

石油型污染：主要来自于汽车排放、石油冶炼及石油化工厂的排放，包括二氧化氮、烯烃、链烷、醇等。

其他特殊污染：主要是从各类工业企业排出的各种化学物质。

5.5.4 空气污染防御

1. 空气污染指数

空气污染指数是一种反映和评价空气质量的方法，是根据环境空气质量标准和各项污染物对人体健康和生态环境的影响来确定污染指数的分级及相应的污染物浓度限值。根据我国空气污染的特点和污染防治工作的重点，目前计入空气污染指数的污染物项目暂定为二氧化硫、氮氧化物和总悬浮颗粒物。

目前，我国采用的空气污染指数分为六级（环境保护部，2012），其中Ⅰ级为优，Ⅱ级为良，Ⅲ级为轻度污染，Ⅳ为中度污染，Ⅴ为重度污染，Ⅵ为严重污染。具体分级标准见表 5.4。

表 5.4　空气污染指数分级标准

空气质量指数 API	空气质量级别	空气质量状况	对健康的影响
0～50	Ⅰ	优	可正常活动
51～100	Ⅱ	良	可正常活动
101～150	Ⅲ	轻度污染	长期接触，易感人群出现症状
151～200	Ⅳ	中度污染	长期接触，健康人群出现症状
201～300	Ⅴ	重度污染	一定时间接触后，心脏病和肺病患者症状显著加剧
>300	Ⅵ	严重污染	健康人群明显强烈症状，提前出现某些疾病

2. 空气污染防御

防治空气污染是一个庞大的系统工程，需要个人、集体、国家乃至全球各国的共同努力，可考虑采取如下几方面措施（《气象信息员工作手册》编委会，2009）：

（1）减少污染物排放量。改革能源结构，多采用无污染能源（如太阳能、风能、水力发电）和低污染能源（如天然气），对燃料进行预处理（如烧煤前先进行脱硫），改进燃烧技术等均可减少排污量。另外，在污染物未进入大气之前，使用除尘消烟技术、冷凝技术、液体吸收技术、回收处理技术等消除废气中的部分污染物，可减少进入大气的污染物数量。

（2）控制排放和充分利用大气自净能力。气象条件不同，大气对污染物的容量便不同，排入同样数量的污染物，造成的污染物浓度便不同。对于风力大、通风好、湍流盛、对流强的地区和时段，大气扩散稀释能力强，可接受较多厂矿企业活动。逆温的地区和时段，大气扩散稀释能力弱，便不能接受较多的污染物，否则会造成严重大气污染。因此应对不同地区、不同时段进行排放量的有效控制。

（3）厂址选择、烟囱设计、城区与工业区规划等要合理，不让排放大户过度集中，不要造成重复叠加污染，形成局地严重污染事件发生。

（4）绿化造林，使有更多植物吸收污染物，减轻大气污染程度。

参考文献

《气象信息员工作手册》编委会，2009. 气象信息员工作手册 [M]. 北京：气象出版社 .

环境保护部，2012. 环境空气质量指数（AQI）技术规定（试行）：HJ/633—2012[S]. 北京：中国环境出版社 .

黄卓，陈辉，田华，2011. 高温热浪指标研究 [J]. 气象，37（3）：345-351.

李中平，毕宏伟，张明波，2007. 我国山洪灾害高易发降雨区分布研究 [J]. 中国水利（14）：25-27.

刘素君，王树川，2017. 山洪地质灾害的预防措施 [J]. 中国高新区（5）：127.

陆亚龙，肖功建，2001. 气象灾害及其防御 [M]. 北京：气象出版社 .

沈皓俊，游庆龙，王朋岭，等，2018.1961—2014 年中国高温热浪变化特征分析 [J]. 气象科学，38（1）：28-36.

水利部，2008. 水文情报预报规范：GB/T22482—2008[S]. 北京：中国标准出版社 .

水利部水文司，2018. 水情预警信号：SL/758—2018[S]. 北京：中国水利水电出版社.

吴玉成，2011. 我国城市内涝灾害频发原因分析[J]. 中国防汛抗旱，21(6)：7-9.

张志彤，2007. 我国山洪灾害特点及其防治思路[J]. 中国水利（14）：14-15.

中国气象报，2015. 气象次生灾害知多少[N]. 中国气象报，2015-06-17.

第6章

气象灾害预警信号与应急预案

6.1 气象灾害预警信号类型与地区特点

气象防灾、减灾工作重在“防”，只有提前预警才有可能减小人民生命、财产的损失。因此，气象灾害预警工作是气象灾害应急管理的第一要务。

在气象灾害防御体系中，气象灾害预警信号被政府和老百姓誉为“消息树”“信号灯”及“翻山越岭的关怀”，在防灾、减灾中发挥着重要的作用。目前，我国普及了一套比较全面的气象灾害预警信号，气象灾害预警信号是指各级气象主管机构所属的气象台站向社会公众发布的预警信息。

为了规范气象灾害预警信号发布与传播，防御和减轻气象灾害，保护国家和人民生命、财产安全，依据《中华人民共和国气象法》（2016 年第 3 次修正）、《国家突发公共事件总体应急预案》（国务院，2006），我国制定了《气象灾害预警信号发布与传播办法》（2007 年 6 月 12 日中国气象局第 16 号令公布并执行），对在我国领域和管辖的其他海域发布与传播气象灾害预警信号做了法规规定，明确气象灾害预警信号由名称、图标、标准和防御指南组成，分为台风、暴雨、暴雪、寒潮、大风、沙尘暴、高温、干旱、雷电、冰雹、霜冻、大雾、霾、道路结冰等 14 种。

一般来说，全国各地预警信号管理方案总体相同，但香港、澳门特别行政区和台湾省气象部门具有独自的灾害应对体系，和我国其他地方有很大区别。

全国各级气象主管机构所属的气象台站会按照发布权限、业务流程发布预警信号，并指明气象灾害预警的区域，地方各级气象主管机构所属的气象台站发布预警信号，适用中国气象局发布的《气象灾害预警信号及防御指南》中的各类预警信号标准。不仅与港、澳、台有很大不同，其他不同的省（区、市）对于同一或不同的预警类型也有不同的标准，《气象灾害预警信号发布与传播办法》规定，各省、自治区、直辖市在制定地方性法规、地方政府规章或者规范性文件时，可以根据本行政区域内气象灾害的特点，选用或者增设本办法规定的预警信号种类，设置不同信号标准，但需经国务院气象主管机构审查同意。

因此，当一气象要素在某地构成了气象灾害时，在另一地却不一定是气象灾害。另外，沿海地区的气象台还会发布专门用于海洋区域的海上气象预警，广东保留台风白色预警信号（广东省气象灾害防御条例，2014），全国、各省以及各个市（县）气象灾害预警信号会存在一些细微的区别。

6.2 气象灾害预警信号分级与时效

气象部门根据各类气象灾害的发展态势，综合预评估分析确定预警级别。预警级别分为Ⅳ级（一般）、Ⅲ级（较大）、Ⅱ级（重大）、Ⅰ级（特别重大），分别用蓝、黄、橙、红四种颜色标示，不同颜色的预警信号表示不同等级，分别对应气象灾害可能造成的危害程度、紧急程度和发展态势，对于这些预警信号，可以理解为蓝色不太严重，黄色要注意，橙色有些严重，红色相当严重。每一类预警信号等级不相同，有些种类只有其中的 2 ～ 3 种。比如沙尘暴预警信号只有橙、红 2 种，道路结冰预警信号有黄、橙、红 3 种（《国家气象灾害应急预案》，国办函〔2009〕120 号）。

气象预警信号具有不同的时效，在季节分布方面，冬半年预警信号包括干旱、暴雪、大风寒潮、沙尘暴、霜冻、大雾、霾、道路结冰；夏半年预警信号包括大雾、暴雨、台风、高温、雷电、冰雹、干旱（表 6.1—表 6.14）。

表 6.1　台风预警信号图标、标准和防御指南

图标	标准	防御指南
	24 小时内可能或者已经受热带气旋影响，沿海或者陆地平均风力达 6 级以上，或者阵风 8 级以上并可能持续	1. 政府及相关部门按照职责做好防台风准备工作；2. 停止露天集体活动和高空等户外危险作业；3. 相关水域水上作业和过往船舶采取积极的应对措施，如回港避风或者绕道航行等；4. 加固门窗、围板、棚架、广告牌等易被风吹动的搭建物，切断危险的室外电源

续表

图标	标准	防御指南
	24小时内可能或者已经受热带气旋影响，沿海或者陆地平均风力达6级以上，或者阵风8级以上并可能持续	1.政府及相关部门按照职责做好防台风应急准备工作；2.停止室内、外大型集会和高空等户外危险作业；3.相关水域水上作业和过往船舶采取积极的应对措施，加固港口设施，防止船舶走锚、搁浅和碰撞；4.加固或者拆除易被风吹动的搭建物，人员切勿随意外出，确保老人、小孩留在家中最安全的地方，危房人员及时转移
	12小时内可能或者已经受热带气旋影响，沿海或者陆地平均风力达10级以上，或者阵风12级以上并可能持续	1.政府及相关部门按照职责做好防台风抢险应急工作；2.停止室内、外大型集会，停课、停业（除特殊行业外）；3.相关水域水上作业和过往船舶应当回港避风，加固港口设施，防止船舶走锚、搁浅和碰撞；4.加固或者拆除易被风吹动的搭建物，人员应当尽可能待在防风安全的地方，当台风中心经过时风力会减小或者静止一段时间，切记强风将会突然吹袭，应当继续留在安全处避风，危房人员及时转移；5.相关地区应当注意防范强降水可能引发的山洪、地质灾害
	6小时内可能或者已经受热带气旋影响，沿海或者陆地平均风力达12级以上，或者阵风达14级以上并可能持续	1.政府及相关部门按照职责做好防台风应急和抢险工作；2.停止集会、停课、停业（除特殊行业外）；3.回港避风的船舶要视情况采取积极措施，妥善安排人员留守或者转移到安全地带；4.加固或者拆除易被风吹动的搭建物，人员应当待在防风安全的地方，当台风中心经过时风力会减小或者静止一段时间，切记强风将会突然吹袭，应当继续留在安全处避风，危房人员及时转移；5.相关地区应当注意防范强降水可能引发的山洪、地质灾害

表 6.2　暴雨预警信号图标、标准和防御指南

图标	标准	防御指南
	12 小时内降雨量将达 50 毫米以上，或者已达 50 毫米以上且降雨可能持续	1. 政府及相关部门按照职责做好防暴雨准备工作；2. 学校、幼儿园采取适当措施，保证学生和幼儿安全；3. 驾驶人员应当注意道路积水和交通阻塞，确保安全；4. 检查城市、农田、鱼塘排水系统，做好排涝准备
	6 小时内降雨量将达 50 毫米以上，或者已达 50 毫米以上且降雨可能持续	1. 政府及相关部门按照职责做好防暴雨工作；2. 交通管理部门应当根据路况在强降雨路段采取交通管制措施，在积水路段实行交通引导；3. 切断低洼地带有危险的室外电源，暂停在空旷地方的户外作业，转移危险地带人员和危房居民到安全场所避雨；4. 检查城市、农田、鱼塘排水系统，采取必要的排涝措施
	3 小时内降雨量将达 50 毫米以上，或者已达 50 毫米以上且降雨可能持续	1. 政府及相关部门按照职责做好防暴雨应急工作；2. 切断有危险的室外电源，暂停户外作业；3. 处于危险地带的单位应当停课、停业，采取专门措施保护已到校学生、幼儿和其他上班人员的安全；4. 做好城市、农田的排涝，注意防范可能引发的山洪、滑坡、泥石流等灾害
	3 小时内降雨量将达 100 毫米以上，或者已达 100 毫米以上且降雨可能持续	1. 政府及相关部门按照职责做好防暴雨应急和抢险工作；2. 停止集会和停课、停业（除特殊行业外）；3. 做好山洪、滑坡、泥石流等灾害的防御和抢险工作

表 6.3　暴雪预警信号图标、标准和防御指南

图标	标准	防御指南
	12小时内降雪量将达4毫米以上，或者已达4毫米以上且降雪持续，可能对交通或者农牧业有影响	1. 政府及有关部门按照职责做好防雪灾和防冻害准备工作；2. 交通、铁路、电力、通信等部门应当进行道路、铁路、线路巡查维护，做好道路清扫和积雪融化工作；3. 行人注意防寒防滑，驾驶人员小心驾驶，车辆应当采取防滑措施；4. 农牧区和种养殖业要储备饲料，做好防雪灾和防冻害准备；5. 加固棚架等易被雪压的临时搭建物
	12小时内降雪量将达6毫米以上，或者已达6毫米以上且降雪持续，可能对交通或者农牧业有影响	1. 政府及相关部门按照职责落实防雪灾和防冻害措施；2. 交通、铁路、电力、通信等部门应当加强道路、铁路、线路巡查维护，做好道路清扫和积雪融化工作；3. 行人注意防寒防滑，驾驶人员小心驾驶，车辆应当采取防滑措施；4. 农牧区和种养殖业要备足饲料，做好防雪灾和防冻害准备；5. 加固棚架等易被雪压的临时搭建物
	6小时内降雪量将达10毫米以上，或者已达10毫米以上且降雪持续，可能或者已经对交通或者农牧业有较大影响	1. 政府及相关部门按照职责做好防雪灾和防冻害的应急工作；2. 交通、铁路、电力、通信等部门应当加强道路、铁路、线路巡查维护，做好道路清扫和积雪融化工作；3. 减少不必要的户外活动；4. 加固棚架等易被雪压的临时搭建物，将户外牲畜赶入棚圈喂养
	6小时内降雪量将达15毫米以上，或者已达15毫米以上且降雪持续，可能或者已经对交通或者农牧业有较大影响	1. 政府及相关部门按照职责做好防雪灾和防冻害的应急和抢险工作；2. 必要时停课、停业（除特殊行业外）；3. 必要时飞机暂停起降，火车暂停运行，高速公路暂时封闭；4. 做好牧区等救灾救济工作

表6.4　寒潮预警信号图标、标准和防御指南

图标	标准	防御指南
	48小时内最低气温将要下降8 ℃以上，最低气温小于或等于4 ℃，陆地平均风力可达5级以上；或者已经下降8 ℃以上，最低气温小于或等于4 ℃，平均风力达5级以上，并可能持续	1. 政府及有关部门按照职责做好防寒潮准备工作；2. 注意添衣保暖；3. 对热带作物、水产品采取一定的防护措施；4. 做好防风准备工作
	24小时内最低气温将要下降10 ℃以上，最低气温小于或等于4 ℃，陆地平均风力可达6级以上；或者已经下降10 ℃以上，最低气温小于或等于4 ℃，平均风力达6级以上，并可能持续	1. 政府及有关部门按照职责做好防寒潮工作；2. 注意添衣保暖，照顾好老、弱、病人；3. 对牲畜、家禽和热带、亚热带水果及有关水产品、农作物等采取防寒措施；4. 做好防风工作
	24小时内最低气温将要下降12 ℃以上，最低气温小于或等于0 ℃，陆地平均风力可达6级以上；或者已经下降12 ℃以上，最低气温小于或等于0 ℃，平均风力达6级以上，并可能持续	1. 政府及有关部门按照职责做好防寒潮应急工作；2. 注意防寒保暖；3. 农业、水产业、畜牧业等要积极采取防霜冻、冰冻等防寒措施，尽量减少损失；4. 做好防风工作
	24小时内最低气温将要下降16 ℃以上，最低气温小于或等于0 ℃，陆地平均风力可达6级以上；或者已经下降16 ℃以上，最低气温小于或等于0 ℃，平均风力达6级以上，并可能持续	1. 政府及相关部门按照职责做好防寒潮的应急和抢险工作；2. 注意防寒保暖；3. 农业、水产业、畜牧业等要积极采取防霜冻、冰冻等防寒措施，尽量减少损失；4. 做好防风工作

表 6.5　大风预警信号图标、标准和防御指南

图标	标准	防御指南
	24小时内可能受大风影响，平均风力可达6级或以上，或者阵风7级或以上；或者已经受大风影响，平均风力为6～7级，或者阵风7～8级并可能持续	1. 政府及相关部门按照职责做好防大风工作；2. 关好门窗，加固围板、棚架、广告牌等易被风吹动的搭建物，妥善安置易受大风影响的室外物品，遮盖建筑物资；3. 相关水域水上作业和过往船舶采取积极的应对措施，如回港避风或者绕道航行等；4. 行人注意尽量少骑自行车，刮风时不要在广告牌、临时搭建物等下面逗留；5. 有关部门和单位注意森林、草原等防火
	12小时内可能受大风影响，平均风力可达8级或以上，或者阵风9级或以上；或者已经受大风影响，平均风力为8～9级，或者阵风9～10级并可能持续	1. 政府及相关部门按照职责做好防大风工作；2. 停止露天活动和高空等户外危险作业，危险地带人员和危房居民尽量转到避风场所避风；3. 相关水域水上作业和过往船舶采取积极的应对措施，加固港口设施，防止船舶走锚、搁浅和碰撞；4. 切断户外危险电源，妥善安置易受大风影响的室外物品，遮盖建筑物资；5. 机场、高速公路等单位应当采取保障交通安全的措施，有关部门和单位注意森林、草原等防火
	6小时内可能受大风影响，平均风力可达10级或以上，或者阵风11级或以上；或者已经受大风影响，平均风力为10～11级，或者阵风11～12级并可能持续	1. 政府及相关部门按照职责做好防大风应急工作；2. 房屋抗风能力较弱的中小学校和单位应当停课、停业，人员减少外出；3. 相关水域水上作业和过往船舶应当回港避风，加固港口设施，防止船舶走锚、搁浅和碰撞；4. 切断危险电源，妥善安置易受大风影响的室外物品，遮盖建筑物资；5. 机场、铁路、高速公路、水上交通等单位应当采取保障交通安全的措施，有关部门和单位注意森林、草原等防火
	6小时内可能受大风影响，平均风力可达12级或以上，或者阵风13级或以上；或者已经受大风影响，平均风力为12级或以上，或者阵风13级或以上并可能持续	1. 政府及相关部门按照职责做好防大风应急和抢险工作；2. 人员应当尽可能停留在防风安全的地方，不要随意外出；3. 回港避风的船舶要视情况采取积极措施，妥善安排人员留守或者转移到安全地带；4. 切断危险电源，妥善安置易受大风影响的室外物品，遮盖建筑物资；5. 机场、铁路、高速公路、水上交通等单位应当采取保障交通安全的措施，有关部门和单位注意森林、草原等防火

表 6.6　沙尘暴预警信号图标、标准和防御指南

图标	标准	防御指南
	12 小时内可能出现沙尘暴天气（能见度小于 1000 米），或者已经出现沙尘暴天气并可能持续	1. 政府及相关部门按照职责做好防沙尘暴工作；2. 关好门窗，加固围板、棚架、广告牌等易被风吹动的搭建物，妥善安置易受大风影响的室外物品，遮盖建筑物资，做好精密仪器的密封工作；3. 注意携带口罩、纱巾等防尘用品，以免沙尘对眼睛和呼吸道造成损伤；4. 呼吸道疾病患者、对风沙较敏感人员不要到室外活动
	6 小时内可能出现强沙尘暴天气（能见度小于 500 米），或者已经出现强沙尘暴天气并可能持续	1. 政府及相关部门按照职责做好防沙尘暴应急工作；2. 停止露天活动和高空、水上等户外危险作业；3. 机场、铁路、高速公路等单位做好交通安全的防护措施，驾驶人员注意沙尘暴变化，小心驾驶；4. 行人注意尽量少骑自行车，户外人员应当戴好口罩、纱巾等防尘用品，注意交通安全
	6 小时内可能出现特强沙尘暴天气（能见度小于 50 米），或者已经出现特强沙尘暴天气并可能持续	1. 政府及相关部门按照职责做好防沙尘暴应急抢险工作；2. 人员应当留在防风、防尘的地方，不要在户外活动；3. 学校、幼儿园推迟上学或者放学，直至特强沙尘暴结束；4. 飞机暂停起降，火车暂停运行，高速公路暂时封闭

表 6.7　高温预警信号图标、标准和防御指南

图标	标准	防御指南
	连续 3 天日最高气温将在 35 ℃或以上	1. 有关部门和单位按照职责做好防暑降温准备工作；2. 午后尽量减少户外活动；3. 对老、弱、病、幼人群提供防暑降温指导；4. 高温条件下作业和白天需要长时间进行户外露天作业的人员应当采取必要的防护措施

续表

图标	标准	防御指南
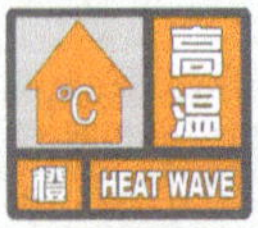	24小时内最高气温将升至37 ℃或以上	1. 有关部门和单位按照职责落实防暑降温保障措施；2. 尽量避免在高温时段进行户外活动，高温条件下作业的人员应当缩短连续工作时间；3. 对老、弱、病、幼人群提供防暑降温指导，并采取必要的防护措施；4. 有关部门和单位应当注意防范因用电量过高，以及电线、变压器等电力负载过大而引发的火灾
	24小时内最高气温将升至40 ℃或以上	1. 有关部门和单位按照职责采取防暑降温应急措施；2. 停止户外露天作业（除特殊行业外）；3. 对老、弱、病、幼人群采取保护措施；4. 有关部门和单位要特别注意防火

表 6.8　干旱预警信号图标、标准和防御指南

图标	标准	防御指南
	预计未来一周综合气象干旱指数达到重旱（气象干旱为25～50年一遇），或者某一县（区）有40%以上的农作物受旱	1. 有关部门和单位按照职责做好防御干旱的应急工作；2. 有关部门启用应急备用水源，调度辖区内一切可用水源，优先保障城乡居民生活用水和牲畜饮水；3. 压减城镇供水指标，优先经济作物灌溉用水，限制大量农业灌溉用水；4. 限制非生产性高耗水及服务业用水，限制排放工业污水；5. 气象部门适时进行人工增雨作业
	预计未来一周综合气象干旱指数达到特旱（气象干旱为50年以上一遇），或者某一县（区）有60%以上的农作物受旱	1. 有关部门和单位按照职责做好防御干旱的应急和救灾工作；2. 各级政府和有关部门启动远距离调水等应急供水方案，采取提外水、打深井、车载送水等多种手段，确保城乡居民生活和牲畜饮水；3. 限时或者限量供应城镇居民生活用水，缩小或者阶段性停止农业灌溉供水；4. 严禁非生产性高耗水及服务业用水，暂停排放工业污水；5. 气象部门适时加大人工增雨作业力度

表 6.9　雷电预警信号图标、标准和防御指南

图标	标准	防御指南
	6 小时内可能发生雷电活动，可能会造成雷电灾害事故	1. 政府及相关部门按照职责做好防雷工作；2. 密切关注天气，尽量避免户外活动
	2 小时内发生雷电活动的可能性很大，或者已经受雷电活动影响，且可能持续，出现雷电灾害事故的可能性比较大	1. 政府及相关部门按照职责落实防雷应急措施；2. 人员应当留在室内，并关好门窗；3. 户外人员应当躲入有防雷设施的建筑物或者汽车内；4. 切断危险电源，不要在树下、电杆下、塔吊下避雨；5. 在空旷场地不要打伞，不要把农具、羽毛球拍、高尔夫球杆等扛在肩上
	2 小时内发生雷电活动的可能性非常大，或者已经有强烈的雷电活动发生，且可能持续，出现雷电灾害事故的可能性非常大	1. 政府及相关部门按照职责做好防雷应急抢险工作；2. 人员应当尽量躲入有防雷设施的建筑物或者汽车内，并关好门窗；3. 切勿接触天线、水管、铁丝网、金属门窗、建筑物外墙，远离电线等带电设备和其他类似金属装置；4. 尽量不要使用无防雷装置或者防雷装置不完备的电视、电话等电器；5. 密切注意雷电预警信息的发布

表 6.10　冰雹预警信号图标、标准和防御指南

图标	标准	防御指南
	6 小时内可能出现冰雹天气，并可能造成雹灾	1. 政府及相关部门按照职责做好防冰雹的应急工作；2. 气象部门做好人工防雹作业准备并择机进行作业；3. 户外行人立即到安全的地方暂避；4. 驱赶家禽、牲畜进入有顶蓬的场所，妥善保护易受冰雹袭击的汽车等室外物品或者设备；5. 注意防御冰雹天气伴随的雷电灾害

续表

图标	标准	防御指南
	2小时内出现冰雹可能性极大，并可能造成重雹灾	1. 政府及相关部门按照职责做好防冰雹的应急和抢险工作；2. 气象部门适时开展人工防雹作业；3. 户外行人立即到安全的地方暂避；4. 驱赶家禽、牲畜进入有顶蓬的场所，妥善保护易受冰雹袭击的汽车等室外物品或者设备；5. 注意防御冰雹天气伴随的雷电灾害

表 6.11　霜冻预警信号图标、标准和防御指南

图标	标准	防御指南
	48小时内地面最低温度将要下降到0 ℃以下，对农业将产生影响，或者已经降到0 ℃以下，对农业已经产生影响，并可能持续	1. 政府及农林主管部门按照职责做好防霜冻准备工作；2. 对农作物、蔬菜、花卉、瓜果、林业育种要采取一定的防护措施；3. 农村基层组织和农户要关注当地霜冻预警信息，以便采取措施加强防护
	24小时内地面最低温度将要下降到零下3 ℃以下，对农业将产生严重影响，或者已经降到零下3 ℃以下，对农业已经产生严重影响，并可能持续	1. 政府及农林主管部门按照职责做好防霜冻应急工作；2. 农村基层组织要广泛发动群众，防灾抗灾；3. 对农作物、林业育种要积极采取田间灌溉等防霜冻、冰冻措施，尽量减少损失；4. 对蔬菜、花卉、瓜果要采取覆盖、喷洒防冻液等措施，减轻冻害
	24小时内地面最低温度将要下降到零下5 ℃以下，对农业将产生严重影响，或者已经降到零下5 ℃以下，对农业已经产生严重影响，并将持续	1. 政府及农林主管部门按照职责做好防霜冻应急工作；2. 农村基层组织要广泛发动群众，防灾抗灾；3. 对农作物、蔬菜、花卉、瓜果、林业育种要采取积极的应对措施，尽量减少损失

表 6.12 大雾预警信号图标、标准和防御指南

图标	标准	防御指南
	12小时内可能出现能见度小于500米的雾，或者已经出现能见度小于500米、大于或等于200米的雾并将持续	1. 有关部门和单位按照职责做好防雾准备工作；2. 机场、高速公路、轮渡码头等单位加强交通管理，保障安全；3. 驾驶人员注意雾的变化，小心驾驶；4. 户外活动注意安全
	6小时内可能出现能见度小于200米的雾，或者已经出现能见度小于200米、大于或等于50米的雾并将持续	1. 有关部门和单位按照职责做好防雾工作；2. 机场、高速公路、轮渡码头等单位加强调度指挥；3. 驾驶人员必须严格控制车、船的行进速度；4. 减少户外活动
	2小时内可能出现能见度小于50米的雾，或者已经出现能见度小于50米的雾并将持续	1. 有关部门和单位按照职责做好防雾应急工作；2. 有关单位按照行业规定适时采取交通安全管制措施，如机场暂停飞机起降，高速公路暂时封闭，轮渡暂时停航等；3. 驾驶人员根据雾天行驶规定，采取雾天预防措施，根据环境条件采取合理行驶方式，并尽快寻找安全停放区域停靠；4. 不要进行户外活动

表 6.13 霾预警信号图标、标准和防御指南

图标	标准	防御指南
	12小时内可能出现能见度小于3000米的霾，或者已经出现能见度小于3000米的霾且可能持续	1. 驾驶人员小心驾驶；2. 因空气质量明显降低，人员需适当防护；3. 呼吸道疾病患者尽量减少外出，外出时可戴上口罩
	6小时内可能出现能见度小于2000米的霾，或者已经出现能见度小于2000米的霾且可能持续	1. 机场、高速公路、轮渡码头等单位加强交通管理，保障安全；2. 驾驶人员谨慎驾驶；3. 空气质量差，人员需适当防护；4. 人员减少户外活动，呼吸道疾病患者尽量避免外出，外出时可戴上口罩

表 6.14　路面结冰预警信号图标、标准和防御指南

图标	标准	防御指南
	当路表温度低于0 ℃，出现降水，12小时内可能出现对交通有影响的道路结冰	1. 交通、公安等部门要按照职责做好道路结冰应对准备工作；2. 驾驶人员应当注意路况，安全行驶；3. 行人外出尽量少骑自行车，注意防滑
	当路表温度低于0 ℃，出现降水，6小时内可能出现对交通有较大影响的道路结冰	1. 交通、公安等部门要按照职责做好道路结冰应急工作；2. 驾驶人员必须采取防滑措施，听从指挥，慢速行驶；3. 行人出门注意防滑
	当路表温度低于0 ℃，出现降水，2小时内可能出现或者已经出现对交通有很大影响的道路结冰	1. 交通、公安等部门做好道路结冰应急和抢险工作；2. 交通、公安等部门注意指挥和疏导行驶车辆，必要时关闭结冰道路交通；3. 人员尽量减少外出

随着气象预警信号由弱到强，发布时效愈来愈短，尤其要特别关注夏半年暴雨、大风、雷电、冰雹4类“橙色”和“红色”预警信号，确保人身安全和减少财产损失。冬半年是雾、霾天气高发期，气象预警信号不可忽视。因此，气象信息员也应指导人民群众增强防灾意识，有效应对恶劣天气。

总的来说，人们看到蓝色的预警信号，就要根据防御指南做好防范了。随着预警信号的提高，应做好相应的防范准备，切不可“视而不见”“听而不闻”。同时，可以查阅《气象灾害预警信号发布与传播办法》进一步了解气象预警信号及其防范措施，通过当地气象局官方网站、政府网站或者气象局发布的手机短信、电子显示屏等渠道及时查看气象预警信号。

总之，气象信息员作为基层气象防灾、减灾队伍的重要一环，在平时要多关注天气并了解预警信号背后的意义，关键时刻不“轻敌”，提高防范意识，以帮助所辖区域人民群众更好地理解气象预警信息，减少气象灾害给工农业生产及公众生活带来的不利影响。

6.3 气象灾害预警信号的发布与传播

气象灾害预警信号发布与传播，是气象服务的重要组成部分。

根据《国家气象灾害应急预案》（国办函〔2009〕120 号），气象灾害预警信息发布遵循“归口管理、统一发布、快速传播”原则。气象灾害预警信息由气象部门负责制作并按预警级别分级发布，其他任何组织、个人不得制作和向社会发布气象灾害预警信息。气象灾害预警信号由名称、图标、标准和防御指南组成，发布预警时应尽可能将灾害天气的危害程度、紧急程度、发展态势及影响时间、影响范围等叙述清楚，让公众真正听清楚看明白。

为了更好地发挥防灾、减灾作用，全国各地都会将气象灾害预警发布与传播纳入到当地政府突发公共事件应急方案之中，动用全社会各部门的力量，由政府统一领导组织协调，将势单力薄的气象行为变为权威的政府行为，对有可能发生的气象灾害做出时间上尽可能早、范围尽可能广的防御指南与有效措施。

目前，我国各级地方政府都建立和完善了由公共媒体、国家应急广播系统、卫星专用广播系统、无线电数据系统、专用海洋气象广播短波电台、移动通信群发系统、无线电数据系统、中国气象频道等多种手段互补的气象灾害预警信息发布系统，准确及时发布气象灾害预警信息。同时，通过国家应急广播和广播、电视、报刊、互联网、手机短信、电子显示屏、有线广播等相关媒体以及一切可能的传播手段及时向社会公众发布气象灾害预警信息。涉及可能引发次生、衍生灾害的预警信息通过有关信息共享平台向相关部门发布。

在学校、机场、港口、车站、旅游景点等人员密集的公共场所，高速公路、国道、省道等重要道路和易受气象灾害影响的桥梁、涵洞、弯道、坡路等重点路段，以及农牧区、山区等人口密集区域建立起畅通、有效的预警信息发布与传播渠道，扩大预警信息的覆盖面。对老、幼、病、残、孕等特殊人群以及学校等特殊场所和警报盲区应当采取有针对性的公告方式。

气象信息员肩负着气象灾害预警信息发布“最后一公里”这一重要职责，应进一步加大对气象灾害预警信号发布与传播工作的宣传，让老百姓知道什么是气象灾害预警信号，了解气象灾害预警信号发布与传播工作对于气象防灾、减灾工作的重要性。通过加强宣传，引起社会各界和不同人群对气象灾害预警信号发布与传播问题的重视，依靠社会力量共同筑牢气象灾害预警第一道防线。

6.4 气象灾害应急预案及预警响应

6.4.1 气象灾害应急预案

气象灾害应急预案的制定和实施是规范灾害应急管理，提高灾害紧急救援能力的关键措施。面对频繁的气象灾害，气象部门与各级政府、部门一道，以《气象灾害应急预案》为根本依据，根据气象主管机构提供的气象灾害预报、警报信息，按气象灾害程度和范围及其引发的次生、衍生灾害类别，由政府决定应急预案启动和终止，有关部门按照其职责和预案启动响应，充分发挥“政府主导、部门联动、社会参与”的气象防灾、减灾机制作用，及时响应，高效联动，共同应对，建立、健全气象灾害应急响应机制，提高气象灾害防范、处置能力，最大限度地减轻或者避免气象灾害造成人员伤亡、财产损失，为经济和社会发展提供保障。

气象灾害应急预案适用于我国范围内台风、暴雨（雪）、寒潮、大风（沙尘暴）、低温、高温、干旱、雷电、冰雹、霜冻、冰冻、大雾、霾等气象灾害事件的防范和应对，以及因气象因素引发的水旱灾害、地质灾害、海洋灾害、森林草原火灾等次生灾害的处置。

气象灾害应急预案实行分级管理、属地为主。根据灾害造成或可能造成的危害和影响，对气象灾害实施分级管理。灾害发生地人民政府负责本地区气象灾害的应急处置工作。当发生跨省级行政区域大范围的气象灾害，并造成较大危害时，由国务院决定启动相应的国家应急指挥机制，统一领导和指挥气象灾害及其次生、衍生灾害的应急处置工作。

特别强调一下基层预案或者具体点位的预案，这里更看重的是预案的可操作性，主要有以下几点：一是当地防灾、减灾责任人是谁，他负责具体接收、传递灾害信息，组织本地具体的防灾、减灾工作；二是如何确保信息渠道的畅通，接收上级的各类信息、指令，并结合本地实际加以落实；三是确定灾害发生时本地居民可以转移的安全区域，并储备一定的应急物资；四是组织本地居民演练，使其知晓在灾害发生时如何自发地安全转移；五是平时维护好本地防灾、减灾设施，应急物资。

为了建立、健全气象灾害应急响应机制，提高气象灾害防范、处置能力，最大限度地减轻或者避免气象灾害造成人员伤亡、财产损失，气象灾害应急预案也要根据实际情况的变化不断进行完善和修订。

6.4.2 应急响应

气象灾害发生或者即将发生，按气象灾害危害程度和范围及其引发的次生、衍生灾害类别，有关部门按照其职责和预案启动应急响应。气象灾害应急响应设为Ⅳ级、Ⅲ级、Ⅱ级、Ⅰ级四个级别，Ⅰ级为最高级别。

当同时发生两种以上气象灾害且分别发布不同预警级别时，按照最高预警级别灾种启动应急响应。当同时发生两种以上气象灾害且均没有达到预警标准，但可能或已经造成损失和影响时，根据不同程度的损失和影响在综合评估基础上启动相应级别应急响应。

当启动应急响应后，各有关部门和单位要加强值班，密切监视灾情，针对不同气象灾害种类及其影响程度，采取应急响应措施和行动。新闻媒体按要求随时播报气象灾害预警信息及应急处置相关措施。

应急响应启动或变更级别应从低级到高级逐级进行，必要时可根据气象灾害的发生和发展过程，越级调整应急响应级别。应急响应启动或变更后，领导小组及各相关内设机构和直属单位按照职责做好应急响应工作。具体响应程序和详细内容根据响应级别确定。

签署应急响应解除命令后，应急响应各单位自动解除应急状态，恢复正常业务运行和管理状态（《国家气象灾害应急预案》国办函〔2009〕120 号）。

参考文献

广东省气象灾害防御条例 [Z]，2014. [ED/OL].（2023-08-24）广东省人民政府网 . http：//www.gd.gov.cn/zwgk/wjk/zcfgk/content/post_2521518.html.

国务院，2006. 国家突发公共事件总体应急预案 [ED/OL].（2006-01-08）中华人民共和国政府网 . https：//www.gov.cn/jrzg/2006-01/08/content_150878.html.

中国气象局，2022. 领导干部气象灾害防御手册 [M]. 北京：气象出版社 .

第7章

气象灾害灾情收集与调查

7.1 灾情收集与调查的意义

随着人类社会不断发展，加之全球气候变化影响，气象灾害的形势变得复杂，气象服务的需求日益增长，防灾、减灾任务十分艰巨。近年来各类气象灾害的突发性、反常性、不可预见性日益凸显，往往是多灾并发、重灾频发，时空异常、旱涝急转，如 2021 年 7 月 20 日河南省郑州市发生的特大暴雨，远远超出了我们以往的认识和经验。同时我国社会结构的快速变化也为防灾、减灾工作带来了新的挑战，所以需要气象信息员在第一时间收集灾情信息，以便于后续灾情调查工作的积极开展。

做好灾情收集与调查工作，一是为了避免或减少因气象灾害造成的人员伤亡和财产损失，做好气象灾害防御工作，促进经济社会更好更快地发展，努力发挥防灾、减灾第一道防线的特殊作用；二是为了提升政府部门应对各类灾害、突发险情的决策指挥、组织协调能力，加强气象灾害防御意识和重视程度，减少随意破坏生态环境加剧气象灾害发生的概率；三是为了提高广大人民群众的防灾、减灾意识和自我保护能力，达到增强全社会灾害预防能力的目标，对于促进社会稳定和经济持续健康发展具有至关重要的意义。

7.2 气象灾害灾情收集与调查流程

我国发生的气象灾害多种多样，气象信息员收集和调查的气象灾害类别主要有台风、暴雨洪涝、干旱、大风、冰雹、雷电、雪灾、沙尘暴、寒潮、低温冷害、冻害、大雾、连阴雨、龙卷、高温热浪、因气象条件引发的地质灾害和森林火灾（中国气象局，2018）。

气象信息员应确保通信手机 24 小时畅通，当得知有上述类别的气象灾害发生后，在确保自身安全的前提下，应尽快赶往灾害发生的乡镇（街道）、村（社区）收集灾情并上报到县级气象部门，没有气象部门的县（区），当地灾情由县（区）所在上级气象部门负责灾情收集工作（下同）。当因灾害有人员伤亡或造成了较大的社会影响时，气象部门还应派遣工作人员到受灾地点开展灾情调查与评估，气象信息员应当协助和配合气象部门进行灾情调查和评估工作（表 7.1）。

表 7.1　全国气象灾情评估分级标准

等级	标准	调查评估机制
小型	因灾死亡 1（含）～ 3 人，或者伤亡总数 10 人（含）以上 30 人以下，或者直接经济损失 100 万元（含）以上 1000 万元以下	县级气象部门应当立即派人赴现场进行实地调查和评估，或委托当地气象信息员、当地政府、有关部门等调查获得具体灾情及其他情况
中型	因灾死亡 4 人（含）以上 30 人以下，或者伤亡总数 30 人（含）以上 100 人以下，或者直接经济损失 1000 万元（含）以上 1 亿元以下	地市级气象部门应当立即派人赴现场进行实地调查和评估
大型	因灾死亡 30 人（含）以上 100 人以下，或者伤亡总数 100 人（含）以上 300 人以下，或者直接经济损失 1 亿元（含）以上 10 亿元以下	省级气象部门应当立即派人赴现场进行实地调查和评估
特大型	因灾死亡 100 人（含）以上或者伤亡总数 300 人（含）以上，或者直接经济损失 10 亿元（含）以上	国务院气象部门应当立即派人赴现场进行实地调查和评估

7.3 气象灾害收集与调查的主要内容

气象灾害收集与调查的内容主要包括灾情文字信息及附加的图片、视（音）频信息。

灾情文字信息：包括灾害类别、灾害开始和结束日期、受灾人口、死亡人口、失踪人口、受伤人口、紧急转移安置人口、倒塌房屋数、直接经济损失、农作物受灾面积、农作物成灾面积、农作物绝收面积、农业经济损失等方面。

附加信息：如果条件允许，应当同时收集灾害影响情况的图片和视（音）频信息（含信息说明）。

7.4 气象灾害记录说明及报送

7.4.1 灾害记录说明

（1）“灾害类别”按规范填写灾害名称（全国气候与气候变化标准化技术委员会，2019），主要分：台风、暴雨洪涝、干旱、大风、冰雹、雷电、雪灾、沙尘暴、寒潮、低温冷害、冻害、大雾、连阴雨、龙卷、高温热浪、因气象条件引发的地质灾害和森林火灾。

（2）“灾害开始和结束时间”指本次灾害性天气过程发生的起、止时间，具体到年、月、日、时、分。

（3）“受灾人口”指灾害过程中遭受影响的总人口情况，包括因灾致死、致伤、致病人口和因灾使生产、生活受到破坏以及家庭财产受到损害的人口。

（4）“死亡人口”指以气象灾害为直接原因导致死亡的人口数量。

（5）“失踪人口”指以气象灾害为直接原因导致下落不明、暂时无法确认死亡的人口数量。

（6）“受伤人口”指以气象灾害为直接原因导致的受伤人口数量。

（7）“紧急转移安置人口”指因受到灾害威胁、袭击，受灾期间离开其住所转移到其他地方的人口数量。

（8）“倒塌房屋数”指因灾害导致房屋两面以上墙壁坍塌或房顶坍塌，或房屋结构严重受损必须拆除重建的房屋数量，单位为“间”。“倒塌房屋”统计时不包括独立的厨房、牲畜棚等辅助用房、活动房、工棚、简易房和临时房屋。因灾倒塌的牧区帐篷，每顶按 3 间计算。

（9）“直接经济损失”指本次灾害造成的全社会各种直接经济损失的总和（但因灾停产、停运等造成的间接经济损失不统计在内），单位为“万元”。

（10）“农作物受灾面积”指因灾减产 1 成（含 1 成）以上的农作物播种面积，单位为“公顷”。

（11）“农作物成灾面积”指因灾减产 3 成（含 3 成）以上的农作物播种面积，单位为“公顷”。

（12）“农作物绝收面积”指因灾减产 8 成（含 8 成）以上的农作物播种面积，单位为“公顷”。

（13）“农业经济损失”指本次灾害对农业生产造成的直接经济损失（不包括牧业、林业、渔业损失），单位为“万元”。

（14）“其他具体灾情”指除以上影响以外的其他影响描述，包括社会影响、农业影响、畜牧业影响、水利影响、林业影响、渔业影响、交通影响、电力影响、通信影响、地质灾害等方面的灾情。

（15）“图片信息说明”指图片中受灾的时间、地点及拍摄时间、人员等相关说明信息，图片拍摄尽可能从近景、中景、远景取景拍摄几组图片。

（16）“视（音）频信息说明”指视（音）频中受灾时间、地点以及拍摄（录制）时间、地点的相关说明等信息。

7.4.2 灾情报送

当气象信息员确定气象灾害灾情发生后，保持通信畅通，在确保自身安全的前提下，按照 7.4.1 节所述内容和要求，及时收集和调查气象灾害灾情，保证收集到的灾情信息准确全面，在《气象信息员工作日志》上填写好灾情文字信息，保存好灾情图片、视（音）频等附加信息，在 12 小时内通过电话、手机短信、微信、传真等如实地将灾情信息上报到当地县级气象部门（当地无县级气象部门的，上报到所在地上级气象部门，下同），形成灾情初报（中国气象局，2018）；气象信息员应密切关注气象灾害预警信息和天气预报情况，当气象灾害持续发生、灾情有可能继续或加重时，应连续收集和调查气象灾害灾情信息，每天及时更新灾情信息、做好记录并上报当地县级气象部门；当气象灾害性天气过程结束，气象灾害灾情不再继续扩大和增加时，应立即将最终的灾情信息上报给当地县级气象部门，完成气象灾害灾情终报。

当有人员伤亡及重大灾情出现时，气象信息员还应立即将灾情上报到当地气象部门，并协助和配合气象部门开展气象灾害灾情调查和评估工作。

参考文献

全国气候与气候变化标准化技术委员会，2019. 气象灾害调查技术规范　气象灾情信息收集：QX/T 531—2019[S]. 北京：气象出版社.

第8章

气象观测站与探测环境保护

8.1 观测站与环境保护信息员职责

气象信息员应该了解气象相关知识及负责本辖区内气象设备运行及环境安全等工作，如本辖区设有自动气象观测仪器等设备时，气象信息员应定期对气象设备进行巡查，如发现自动气象观测仪器被盗、探测环境受到损坏、周围环境影响气象观测等问题时应及时报告当地气象主管机构，如果发现观测仪器出现简单故障，应及时向当地气象主管机构报告，并在其指导下对设备进行简单的维护。

8.2 不同类别气象观测站释义

大气本底站：长期观测全球或区域尺度范围内大气成分及其相关特性的平均状态及其变化特征的气象观测站。

气候观象台：对气候系统多圈层及其相互作用开展长期、连续、立体和综合观测，并承担气候系统资料分析及研究评估服务的地面气象观测站。

国家基准气候站：根据国家气候区划以及全球气候观测系统的要求，为获取具有充分代表性的长期、连续资料而设置的地面气象观测站。

国家基本气象站：根据全国气候分析和天气预报需要所设置的地面气象观测站。

国家一般气象站：按省（区、市）行政区划设置，或根据中小尺度灾害性天气监测、预警、预报服务和当地经济社会发展需要在乡镇及以下或具有代表性的特殊地理位置加密建设的、以常规地面气象要素观测为主的地面（海洋）气象观测站。

区域气象观测站：根据中小尺度灾害性天气预警、大中城市、特殊地区和专属经济区的气象预报服务需求，以及当地经济社会发展需要，在国家级地面气象观测站布局的基础上补充建设的地面气象观测站（全国气象仪器与观测方法标准化技术委员会，2019）。

8.3 气象站维护要求及流程

根据《区域自动气象站维护技术规范》（QX/T 465—2018）（全国气象仪器与观测方法标准化技术委员会，2018），气象站的维护要求及流程如下。

8.3.1 一般要求

维护人员应培训合格，遵循操作流程，维护过程中应确保作业人员的人身安全。

宜选择晴好天气开展维护工作，避开整点发报时间或其他重要服务时段，尽可能缩短维护时设备停运时间。

维护前应了解站点的地理位置及周边环境、设备要素和传感器配置等情况。维护过程中不应带电拔插、安装、清洁设备。

在维护中遇故障时应逐级检查准确定位及时处置，对于当场无法排除的故障，应及时报告业务管理部门，采取其他应急保障措施，确保观测数据的连续。

8.3.2 维护周期

定期维护：汛期前、汛期结束后 1 个月内应至少维护一次，汛期应至少每 2 个月维护一次，海岛、石油平台、高山等特殊站可每 3 个月维护一次。在条件允许的地区，可适当增加维护次数。

不定期维护：当出现故障时，一般要求在 36 小时内排除故障，原则上不得超过 72 小时。海岛及石油平台等特殊站的故障排除时间由当地管理部门规定。有条件的地区宜缩短上述故障排除时间。故障排除后应进行相应的不定期维护。

重大灾害性天气、重要气象保障活动前应按照相关要求进行维护。

8.3.3 维护流程

自动气象观测站维护流程见图 8.1。

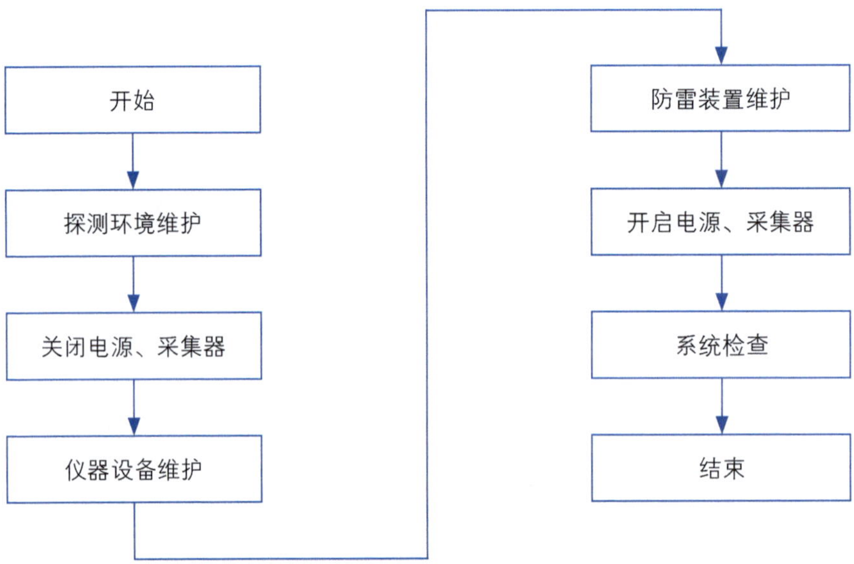

图 8.1　自动气象观测站维护流程

8.3.4 维护内容及要求

自动气象观测站维护内容及要求见表 8.1。

表 8.1　维护内容及要求

序号	项目	维护内容	技术要求
1	周边环境	观察观测场周边建筑物、下垫面等情况	观测场周边 10 米范围内不宜有障碍物，障碍物与风杆的水平距离宜大于障碍物自身高度的 3 倍，对照历史资料，发现变化较大的，同时向当地气象主管部门报告
		检查观测场周边树木生长情况	在观测场周边 10 米范围种植高度超过 1 米的树木和作物等
2	观测场	检查观测场内环境	清除杂物、杂草，保持观测场平整
3	其他	检查围栏、标牌、风杆等	对围栏、标牌、风杆进行维护，确保围栏、标牌无破损，整洁标牌悬挂端正、醒目，风杆及拉线牢固
4	翻斗式雨量传感器	清洁雨量筒内、外壁和过滤器	保持雨量筒内、外壁整洁，过滤器无尘沙、小虫等杂物
		清洁各翻斗	保持翻斗、节流管道畅顺 保持翻斗灵活，应无阻滞感，翻斗轴游隙正常、轴承无异物、翻斗无变形或磨损
		检查干簧管	查看通断是否正常
		检查线缆	保持线缆外皮无老化、破损
		检查接头	保持接头无松动，外观无破损
		检查调试仪器的水平	保持器身稳定，器口无变形且保持水平，底座保持水平固定螺丝确保通断正常牢固
		检查雨量筒盖子	根据启用 / 停止时间，是否揭开（盖上）雨量筒盖
5	百叶箱（或防辐射罩）及支架	清洁百叶箱（或防辐射罩）	保持整洁，如遇顶、内部和壁缝中有异物时，要小心用毛刷扫除干净；保持支架牢固
6	温度传感器	清洁外表面（保护罩）	用毛刷或干毛巾清洁外观，保持外表面（保护罩）无破损、整洁
		检查线缆	保持线缆外皮无老化、破损
		检查接头	保持接头无松动，外观无破损

续表

序号	项目	维护内容	技术要求
7	湿度传感器	清洁外表面（保护罩）	用毛刷或干毛巾清洁外观。保持外表面（保护罩）无破损。
		检查线缆	保持线缆外皮无老化、破损
		检查接头	保持接头无松动，外观无破损
8	风速风向传感器	清洁风杯和风向标	保持外观整洁，无变形、破损；保持转向灵活、平稳
		检查横臂	保持横臂水平，指北方位正确
		检查线缆	保持线缆外皮无老化、破损
		检查接头	保持接头无松动，外观无损
9	气压传感器	清洁传感器外表面	保持外观整洁，无变形、破损
		疏通传感器气孔口	保持气孔口无异物，与外部空气连通
		检查线缆	保持线缆外皮无老化、破损
		检查接头	保持接头无松动，外观无破损
10	能见度传感器	清洁外表面及镜面	保持外观整洁，无变形、破损
		检查加热装置	用手检查加热装置发热点是否发热
		检查线缆	保持线缆外皮无老化、破损
		检查接头	保持接头无松动，外观无破损
11	采集器（箱）	清洁外表面和内部	用毛刷清洁，保持内、外观整洁，无变形、破损
		检查线缆	保持线缆外皮无老化、破损，接口牢固可靠
		检查接头	保持接头无松动，外皮无破损
12	通信单元	清洁外表面	保持外观整洁，无变形、破损
		检查线缆	保持线缆外皮无老化、破损
		检查接头	保持接头无松动，外观无破损

续表

序号	项目	维护内容	技术要求
13	供电系统	清洁和检查太阳能板、风能发电机	保持外观整洁，无变形、破损 保持太阳能板方位、俯仰符合要求
		检查固定支架	保持支架牢靠，太阳能板和风能发电机牢固
		检查蓄电池	保持外观整洁，无变形、破损，无漏液，接线柱无氧化
		检查充电控制器	保持外观整洁，无变形、破损
		检查电源总开关分线开关	保持控制灵活、顺畅
		检查线缆	检查线缆，外皮无老化、破损
		检查接头	保持接头无松动，外观无破损
14	外部防雷装置	检查接闪器、避雷针	保持结构牢固，绝缘杆无破损
		保持结构牢固，绝缘杆无破损	保持引下线无锈蚀和破损，接头牢固无松动

8.4 气象探测环境保护

8.4.1 气象探测环境保护的意义

气象探测工作是整个气象工作的前提和基础，在经济建设、社会发展、国防建设、生态环境保护、人民生产和生活中发挥着重要的基础性作用，气象探测对环境有严格要求，只有在符合探测要求的环境下探测的气象数据才具有代表性、准确性、可比性，使气象探测资料更加及时、准确、科学、高效地为社会发展、经济建设、国防建设和人民生产、生活服务，气象探测环境好坏关系到探测数据的科学性，关系到天气、气候预测、预报和气象服务的准确性与针对性，直接关系到我国社会发展、经济建设、国防建设和人民生产、生活的安全问题，也关系到我国气象工作在国际上的声誉和形象。保护好气象探测环境对于促进国民经济发展、全面建成小康社会具有深远的历史意义和现实作用。《中华人民共和国气象法》《中华人民共和国城乡规划法》（中华人民共和国主席令〔2007〕第74号）《气象设施和气象探测环境保护条例》（中华人民共和国国务院令〔2016〕第666号）等法律、法规都对气象探测环境保护提出了明确的要求。

8.4.2 气象探测环境保护的范围和标准

气象探测环境，是指为避开各种干扰，保证气象探测设施准确获得气象探测信息所必需的最小距离构成的环境空间。根据《气象设施和气象探测环境保护条例》，任何单位和个人都有义务保护气象设施和气象探测环境，并有权对破坏气象设施和气象探测环境的行为进行举报。根据该条例对大气本底站、国家基准气候站、国家基本气象站、国家一般气象站、高空气象观测站、天气雷达站、气象卫星地面站、区域气象观测站等气象台站和单独设立的气象探测设施的探测环境，应当依法予以保护。

大气本底站禁止实施下列危害探测环境的行为：

（1）在观测场周边3万米探测环境保护范围内新建、扩建城镇、工矿区，或者在探测环境保护范围上空设置固定航线；

（2）在观测场周边1万米范围内设置垃圾场、排污口等干扰源；

（3）在观测场周边1000米范围内修建建筑物、构筑物。

国家基准气候站、国家基本气象站禁止实施下列危害探测环境的行为：

（1）在国家基准气候站观测场周边2000米探测环境保护范围内或者国家基本气象站观测场周边1000米探测环境保护范围内修建高度超过距观测场距离1/10的建筑物、构筑物；

（2）在观测场周边500米范围内设置垃圾场、排污口等干扰源；

（3）在观测场周边 200 米范围内修建铁路；

（4）在观测场周边 100 米范围内挖筑水塘等；

（5）在观测场周边 50 米范围内修建公路、种植高度超过 1 米的树木和作物等。

国家一般气象站禁止实施下列危害探测环境的行为：

（1）在观测场周边 800 米探测环境保护范围内修建高度超过距观测场距离 1/8 的建筑物、构筑物；

（2）在观测场周边 200 米范围内设置垃圾场、排污口等干扰源；

（3）在观测场周边 100 米范围内修建铁路；

（4）在观测场周边 50 米范围内挖筑水塘等；

（5）在观测场周边 30 米范围内修建公路、种植高度超过 1 米的树木和作物等。

区域自动气象站探测环境保护要求：

（1）总体要求：观测场周边环境保持开阔，保证仪器的感应面通风和不受遮阴；观测场周边 10 米范围内不宜有障碍物。

（2）要素观测要求：

气温：影响源、人工建造水体与温度传感器的水平距离宜大于 10 米（交通气象观测站不受此限制）；当太阳高度角大于 20 度时，周围障碍物不宜对温度传感器造成阴影。

降水：障碍物与传感器的水平距离宜大于障碍物与传感器的高度差。

风：障碍物与风杆的水平距离宜大于障碍物自身高度的 3 倍。

对于无人值守的自动气象站，应当由该站的所有单位委托所在地人民政府或者社会团体、企事业单位和个人负责保护。

8.4.3 气象探测环境保护工作

国家依法保护气象探测环境，任何组织和个人都有保护气象探测环境的义务。对气象探测环境的保护应当依据《中华人民共和国气象法》《气象设施和气象探测环境保护条例》，气象信息员在巡查自动气象站时对发现下列行为应及时制止，并第一时间通知当地气象部门依法采取措施。

《中华人民共和国气象法》第二十条　禁止下列危害气象探测环境的行为：

（1）在气象探测环境保护范围内设置障碍物、进行爆破和采石；

（2）在气象探测环境保护范围内设置影响气象探测设施工作效能的高频电磁辐射装置；

（3）在气象探测环境保护范围内从事其他影响气象探测的行为。

气象探测环境保护范围的划定标准由国务院气象主管机构规定。各级人民政府应当按照法定标准划定气象探测环境的保护范围，并纳入城市规划或者村庄和集镇规划。

第三十五条　违反本法规定，有下列行为之一的，由有关气象主管机构按照权限责令停止违法行为，限期恢复原状或者采取其他补救措施，可以并处五万元以下的罚款；造成损失的，依法承担赔偿责任；构成犯罪的，依法追究刑事责任：

（1）侵占、损毁或者未经批准擅自移动气象设施的；

（2）在气象探测环境保护范围内从事危害气象探测环境活动的。

在气象探测环境保护范围内，违法批准占用土地的，或者非法占用土地新建建筑物或者其他设施的，依照《中华人民共和国城乡规划法》或者《中华人民共和国土地管理法》的有关规定处罚。

《中华人民共和国气象法》第二十三条，各级气象主管机构以及发展改革、国土资源、城乡规划、无线电管理、环境保护等有关部门及其工作人员违反本条例规定，有下列行为之一的，由本级人民政府或者上级机关责令改正，通报批评；对直接负责的主管人员和其他直接责任人员依法给予处分；构成犯罪的，依法追究刑事责任：

（1）擅自迁移气象台站的；

（2）擅自批准在气象探测环境保护范围内设置垃圾场、排污口、无线电台（站）等干扰源以及新建、改建、扩建建设工程危害气象探测环境的；

（3）有其他滥用职权、玩忽职守、徇私舞弊等不履行气象设施和气象探测环境保护职责行为的。

第二十四条　违反《气象设施和气象探测环境保护条例》规定，危害气象设施的，由气象主管机构责令停止违法行为，限期恢复原状或者采取其他补救措施；逾期拒不恢复原状或者采取其他补救措施的，由气象主管机构依法申请人民法院强制执行，并对违法单位处 1 万元以上 5 万元以下罚款，对违法个人处 100 元以上 1000 元以下罚款；造成损害的，依法承担赔偿责任；构成违反治安管理行为的，由公安机关依法给予治安管理处罚；构成犯罪的，依法追究刑事责任。

挤占、干扰依法设立的气象无线电台（站）、频率的，依照无线电管理相关法律法规的规定处罚。

第二十五条　违反《气象设施和气象探测环境保护》规定，危害气象探测环境的，由气象主管机构责令停止违法行为，限期拆除或者恢复原状，情节严重的，对违法单位处 2 万元以上 5 万元以下罚款，对违法个人处 200 元以上 5000 元以下罚款；逾期拒不拆除或者恢复原状的，由气象主管机构依法申请人民法院强制执行；造成损害的，依法承担赔偿责任。

在气象探测环境保护范围内，违法批准占用土地的，或者非法占用土地新建建筑物或者其他设施的，依照城乡规划、土地管理等相关法律法规的规定处罚。

参考文献

全国气象仪器与观测方法标准化技术委员会，2018. 区域自动气象站维护技术规范：QX/T 465—2018[S].

全国气象仪器与观测方法标准化技术委员会，2019. 气象观测站分类及命名规则：QX/T 485—2019[S]. 北京：气象出版社 .

第9章

气象信息员服务典型案例

9.1 用实际行动践行“人民至上、生命至上”

吴红，现任江西省抚州市宜黄县南源乡副乡长，此外，她还有一个特殊的身份——气象信息员。在气象信息员岗位上，她依法履行职责，及时收集上报灾情信息，积极组织防灾、救灾，为促进乡镇经济持续平衡发展做出了很大贡献，赢得了领导、同事及群众的认可。

9.1.1 一个预警，挽救了两个家庭

2022 年入汛以来，抚州市宜黄县降雨较常年偏多 1.3 成，多次持续强降雨造成河流水位上涨、农田被淹、道路坍塌以及部分民房漏水，防汛形势严峻。在 5 月 29 日的暴雨过程中，吴红及时传递气象预报、预警信息，在灾害来临之前成功组织群众安全转移，守住了当地民众的生命、财产安全。

2022 年 5 月 29 日 17 时 49 分，吴红收到了宜黄县气象局发出的 2022 年第一个暴雨橙色预警信息，正在值班的她当即通知相关乡、村干部直奔东源村地质灾害点。吴红之所以行动如此迅速，源于在白天巡查过程中发现该隐患点的土壤水分已接近饱和，如果再下雨，随时有塌方可能。18 时 20 分许，吴红一行人赶到时，旁边的山坡已有松动的迹象。时间就是生命！村干部赶紧上村民家挨户敲门，通知隐患点旁边的两户村民进行转移。

“我们不走，我们在这住了几十年了都没事，你们搞得太紧张了，外面的雨又不是特别大，这点雨没事的。”但村民面对劝离并不配合，怎么都不肯转移。随即村书记现场拨通县气象局值班室电话，“晚上还会下很大的雨，尤其是下半夜，我们已经发了暴雨橙色预警，要配合转移”，面对手机里气象业务人员的劝导，村民这才勉强同意转移。

5月30日早上，村民房子后面的山体出现了部分崩塌，现场的警示牌被埋，村民家里的厨房也被泥水侵占了一大半。

“感谢党和政府，幸亏听了你们的，不然一晚上睡不了不说，还有生命危险。”村民心有余悸地说。“你要感谢气象局，感谢暴雨预警信息来得及时，今后也要更加相信科学”，副乡长吴红语重心长地说。

9.1.2 履职担当，架起联通群众桥梁的气象使者

气象信息员是一份综合性强、难度高的工作，涉及各方面的知识。吴红深知学习的重要性，始终坚持把学习放在首位，充分利用业余时间进行自学，积极参加气象信息员培训，气象防灾减灾、应急避险等相关知识了然于胸。

熟于心，用于行。吴红充分发挥气象部门和基层群众之间的纽带作用。在县气象局的指导下，第一时间响应气象预警，积极转发日常天气预报、农业天气信息，使群众能够及时知晓天气变化，提前做好应对方案，将损失降到最低。同时，吴红还时常将常见的暴雨、雷暴、高温、寒潮等气象灾害防御方法转发到乡镇群，定期开展气象防灾、减灾知识二次培训，充当气象的解说员，增强了群众应对气象灾害的能力。

9.1.3 义无反顾，充当“最后一公里”的“救命力量”

吴红有着十多年的乡镇工作经验，能始终保持着高昂的工作热情和严谨的工作态度，多次成功处理灾情、险情，保住了人民生命、财产安全，这与她对工作的认真尽责是分不开的。基层工作点多线长面广，无论工作多繁忙、任务多艰巨，她都能始终坚守在岗位上。尤其是在气象灾害发生时，她会奔走在防灾、减灾的最前沿，积极传递信息、收集灾情，做好科普宣传，切实担负起一名气象信息员的职责。

吴红以求真务实的态度、勤恳踏实的作风，谨守着一位基层气象信息

员的职责，在平凡的岗位上默默奉献。在每个雨势凶猛的汛期，吴红坚守在气象防灾、减灾战线“最后一公里”的关键一环，成为守护群众生命和财产安全的重要力量，践行“人民至上、生命至上”的标杆榜样。（江西省气象局提供）

9.2 顶住广东最强降雨的台山村庄，无人伤亡

2022 年 5 月 10—13 日，广东经历了今年以来最强降雨过程，也是近 20 年 5 月出现的最强暴雨。此次强降水期间，广东单日降雨最多的地方，正是台山市赤溪镇长安村——5 月 12 日当日录得雨量 571.7 毫米；而 2021 年台山市年降雨量才 1590.1 毫米，可以说，长安村 2021 年全年总雨量的近三分之一都在一天内落到村子里了。截至 5 月 16 日，长安村过程总降雨量已达 930.6 毫米，同样是广东全省最多。数字背后，是长安村面对的严峻汛情——道路被淹，农田被浸，群众被困，一场紧急抢险迅速开展。

5 月 11 日 05 时 50 分，台山市气象台将当地暴雨橙色预警升级为红色预警。长安村驻村第一书记、气象信息员谷文强及时赶到村委会开始一天的工作。他及时调整了村“两委”干部工作重心，要求干部根据预警要求 24 小时值守，及时关注台山市“三十合一”防灾、减灾、救灾（简称防减救）应急指挥平台预警信息，同时号召村小组长、网格员、在村党员等提高警惕，以应对随时可能发生的灾情。

5 月 12 日 02 时 30 分，雨势渐大，雷声阵阵，闪电划出道道亮光。村两委值守干部冒雨开展巡河、巡村、巡地质灾害点工作，又过了 1 个小时，大雨倾盆，村委会里的天气警报器响了起来。08 时，长安村的村道像河流一般翻涌，水位接近堤坝顶部。

“我们必须到村里去。”与村党总支书记叶永宽紧急商议后，谷文强立

即电话通知各村小组负责同志注意防御汛情，随后深一脚浅一脚地往村里跑，逐户走访，通知村中的“五保户”、危房户、孤寡老人等重点人群，转移受威胁人群。

“家里老人 90 多岁了，行动不便，在村的另一边独居，能不能麻烦你们把她背过来？”09 时许，谷文强和村委会副主任曾碧文收到村民这样一则请求。两人冒雨来到老人家中，发现雨水已漫进屋中，积水深及脚踝。做通老人思想工作后，谷文强背起老人往外转移。从老人家到其亲属家有五六百米的路程，路上积水有深有浅，雨势滂沱，3 人在雨中紧急转移。

5 月 12 日 11 时许，强降雨带还在赤溪镇上空徘徊而没有减弱的迹象，长安村当天累计雨量已超过 400 毫米，台山市气象台值班员立即意识到可能会发生局地灾情，于是转身跑到隔壁防减救指挥中心，让值班同事赶紧了解赤溪镇情况。12 时许，长安村中多处受浸，有群众被困。事不宜迟，谷文强让同事赶紧向台山市“三十合一”防减救应急指挥平台报告。接到灾情报告后，此时正在防减救指挥中心调度指挥的江门市委常委、台山市委书记李惠文同志立即视频连线长安村，掌握了受灾情况后，立即调度公安警力、消防队伍、应急民兵等各路救援力量陆续奔赴长安村（图 9.1）。

图 9.1　气象信息员帮助群众紧急转移

“赶快离开！我带你们到安全的地方去。”风雨中，谷文强身披雨衣一边指挥救援人员奔赴各村小组紧急转移群众，一边立即启动处于地势较高的长安村敬老服务站作为转移群众临时安置点。眼见救援人手不足，谷文强更是想也没想，牵着洪水中的橡皮艇，蹚着深及膝盖的积水，与救援队伍挨家挨户探访，组织受汛情威胁的群众撤离。一天下来，长安村顺利将19名老人转移到地势较高的长安村敬老服务站。

5月13日21时前后，长安村再次暴雨来袭，当晚降雨量再次位居台山市第一。两夜没合眼的谷文强带着几名青年干部，拿上手电，再次奔向雨中，对河流、地质灾害点及居住在平房的村民逐一进行入户巡查。连夜组织危险地区人员转移。经过一夜的努力，当晚，长安村再次完成对23户人员的及时转移。

直到5月16日，天空终于彻底放晴。长安村全体干部以英勇无畏的担当精神，利用台山市“三十合一”防减救应急指挥平台等现代化预警机制，以无人伤亡的成绩圆满完成此次特大暴雨救灾任务。（广东省气象局提供）

9.3 用心做好气象知识传递人

“老杨，明天啥天气呀？”

“老杨，昨天你们分享的天气预报还真准啊！”

“老杨，给我们讲一个天气预报的故事吧！”

……

宁夏回族自治区固原市西吉县吉强镇团结村有一位这样的气象信息员，时刻关注着气象局发布的天气预报和预警，为群众讲解着气象小知识，他就是杨俊明同志，人们口中的“老杨”。

杨俊明时刻把握天气信息，及时了解最新的天气情况，手机保持24

小时开机，确保信息能及时收到。每天起床后的第一件事就是翻看手机，看看有没有忽略的重要信息，特别是气象预警类的信息；到达村委会办公室第一件事就是打开电脑查看天气信息，及时了解当天的天气情况。当收到气象局发布的预警信息时，第一时间将其转发给给本村村民。他的微信朋友圈、“钉钉”软件以及自己的微信群是他做好气象宣传的平台。

除了尽到气象信息员的职责外，杨俊明还担负着团结村的宣传工作，特别喜欢为群众开展气象科普宣传，利用“3・23 世界气象日”和“5・12 全国防灾减灾日”等时间节点经常性地为广大村民讲解气象防灾、减灾知识。遇到恶劣天气过程出现时，他总是把信息千方百计通知到村民，积极指导村民防灾、减灾，将气象灾害的损失降至最低，并且第一时间收集受灾情况，及时向当地气象局报告，成为气象信息的传播者。

2022 年 4 月 12 日下午冷空气突然来袭，西吉县气象局于 4 月 10—12 日连续 3 天发布了霜冻预警信号，4 月 13 日县最低气温为 –7.6 ℃。由于提前收到了县气象局发来的预警信息，杨俊明积极组织当地种植户连续几天奋战在田间地头，采取烟熏、注水等多种方式防止冻害。在他的带领下，极大地减少了霜冻带来的损失。

2022 年 6 月 3 日，西吉县出现突发性强对流天气，面对形势如此严峻的天气，杨俊明利用手机短信、“钉钉”软件和电话等渠道及时通知群众，并要求大家做好相关的防范工作，走访处于低洼区的几户人家，并协助做好预防院内积水，清理排水口，切切实实做好气象防灾、救灾工作。由于他及时宣传通报了天气信息，群众提早采取了防范措施，群众生活基本上没有受到大的影响，这让他内心充满了自豪感。

杨俊明情系天气信息，关注天气信息，掌握天气信息。他情系群众，关心群众，服务群众。本着服务村民的目标，兢兢业业、任劳任怨，在这平凡的岗位上为团结村的发展默默奉献着自己的力量。（宁夏回族自治区气象局提供）

9.4 关键时刻，充分发挥农牧民气象信息员应对重大气象灾害的重要作用

受南支槽影响，2021 年 12 月 28 日 20 时至 30 日，西藏自治区日喀则市南部和山南市南部出现了强降雪天气，在此次暴雪服务过程中，西藏各级气象信息员认真履行气象信息员职责，扎实做好气象预警信息的传播工作，充分发挥了为气象防灾、减灾与政府决策提供了可靠数据的基层“气象人”的桥梁纽带作用，最大程度防御和减轻了气象灾害带来的损失。

9.4.1 基本情况

2021 年 12 月 28 日 20 时至 30 日 16 时，日喀则市南部和山南市南部出现大到暴雪天气（吉隆镇降水量 113.3 毫米，积雪深度 50 厘米；聂拉木县降水量 99.9 毫米，积雪 49 厘米，均为特大暴雪），那曲市和阿里地区出现中到大雪天气。阿里地区、日喀则市出现 4 ～ 16 ℃降温，拉萨市和山南市出现了 3 ～ 6 ℃的降温。受强降雪影响，日喀则市、山南市多个路段（日喀则市亚东县堆纳以南各路段、定结县省道 514 线萨尔乡至陈塘路段、吉隆县孔塘拉姆山路段、定日县国道 318 加措拉拉路段、聂拉木县国道 318 聂拉木门布乡至樟木镇路段，山南市错那县勒布沟景区 Z808 线）出现积雪结冰，交管部门实行交通双向管制，特别是日屋镇至陈塘镇部分路段积雪深度 70 ～ 80 厘米，对人民群众的出行安全存在严重的影响。另外，影响区域所有旅游景区及时关闭。

9.4.2 气象预警信息

2021 年 12 月 28 日 17 时，西藏自治区气象局发布了暴雪黄色预警信

号，西藏自治区气象灾害防治应急指挥部办公室启动了暴雪灾害Ⅳ级预警，并通知应急厅等相关成员单位防御应对暴雪灾害。与此同时，还及时向国家气象中心报送降雪消息和影响情况，中国气象局形成“两办信息”并上报，受到国务院领导重视，批示西藏自治区党委、政府做好灾害应对和防御工作，西藏各级各部门认真落实批示精神，积极组织开展气象灾害防御工作。12 月 29 日 12 时，西藏自治区气象局将暴雪预警信号提升至暴雪红色预警，西藏自治区气象灾害防治应急指挥部办公室同步将暴雪灾害预警级别提升至暴雪灾害Ⅲ级预警。12 月 30 日降雪系统东移影响山南东南部及林芝市、昌都市，西藏自治区气象局继续发布了针对东部地区的道路结冰黄色预警，并将预警信息通过短信、微信等方式报送至相关单位负责人。截至 12 月 30 日，各级气象部门共发布不同级别的暴雪、强降温、道路结冰预警信号 107 条，通过短信向决策用户发布 5.24 万条次，向公众发布 386.70 万条次。

9.4.3 气象信息员发挥作用

2021 年 12 月 28 日，发布暴雪黄色预警信号后，将受暴雪过程影响区域的各县气象局第一时间通过乡镇气象信息服务站、电话、微信等途径和手段通知各乡镇农牧民气象信息员降雪预警情况。气象信息员收到信息后，及时将降雪预警情况发布到各村、各牧民冬季牧场，并配合村两委开展了牲畜转移安置、饲草料调运储备，以及生活取暖准备等灾害防御工作。通过气象信息员及时传播降雪信息，成功组织十几户牧民及时安全转场，涉及牛、羊上万头（只）。随着降雪过程的持续发展，山南市错那县吉巴乡、隆子县玉麦乡、洛扎县边巴乡、洛扎县拉康镇、洛扎县扎日乡乃村，以及日喀则市萨迦县雄迈乡、定结县陈塘镇、聂拉木县亚来乡的农牧民气象信息员又主动将降雪情况以图片、视频等方式反馈至县气象局。为气象部门准确研判天气形势，向各级党委、政府及各涉灾部门提供决策气象服务信息提供了坚实保障。同期，各地气象信息员还主动对辖区内的无人自动气象站开展了积雪清扫和设备运行状况检查等工作，确保了辖区内无人自动气象站数据的正常传输。

此次强降雪天气过程中，国家级、省级、地（市）级、县级气象部门以及基层气象信息员纵向联动，各级气象部门与各级地方政府、相关部门加强工作横向沟通与合作，防灾、减灾工作措施到位，降雪过程未造成严重损失，气象信息员与气象部门沟通发挥了气象防灾、减灾第一道防线作用。（西藏自治区气象局提供）

9.5 与风雪赛跑的人

“那天要是没有信息员提前通知、催促及时清雪，我们家的冷棚肯定被压塌。”辽宁省葫芦岛市连山区新台门镇汉沟村夹山屯冷棚普通种植大户冯立国激动地说。2021 年 11 月 7—8 日，葫芦岛市连山区迎来入冬以来最强降雪，新台门镇辖区均出现了雪深达 30 厘米以上的大暴雪。下大雪，设施农业冷暖棚是最让人担心的地方。所幸的是，在这次强降雪过程中，新台门镇暖棚无一座被压塌，只有少数冷棚因客观原因有所损毁。在这场战胜雪灾的战役中，新台门镇气象信息服务站站长、气象信息员朱坤功不可没。降雪前夕，连山区气象局通过传真发送强降雪天气预报服务材料，并通过手机短信和电话通知要求全区各乡镇气象信息员及时传递气象预警信息，收集上报灾情和救灾情况。

朱坤在接到强降雪预报信息后，第一时间将这一重要预报信息报送至镇党委、政府领导，提醒做好应对强降雪的准备。新台门镇全体干部紧急部署。气象信息员联合村镇有关工作人员及时通知种植、养殖大户做好预防准备。11 月 8 日 10 时，大雪还一直下，朱坤冒着风雪下到了有设施农业的村实地查看，并挨户提醒农户及时清理棚顶积雪。当到达汉沟村村民冯立国家时，发现他家的棚跨度大、积雪覆盖面积大，果断建议冯立国马上清理棚顶积雪，对来年不能使用的棚膜进行人工撤膜，减少积雪堆积。正是朱坤发现及时，合理建议，冯立国及时科学处置，80 亩冷棚安然无恙，无一栋被大雪压塌。

时刻把防灾、减灾、救灾工作作为重中之重，始终把老百姓的利益放在首位，争取把损失降到最低，让群众感觉到在他们最困难时有依靠，这是作为气象信息员得到的最高荣誉，朱坤他做到了。

2021 年雨季，细心的朱坤偶然发现气象部门发布的小时降雨量并不大，但河水水位却在持续上涨。朱坤敏锐察觉到可能是气象信息监测站出现了问题。他立即拿起雨伞，顶着风雨来到气象信息监测站，发现监测雨量筒果然被死去的小虫子堵住了。他不顾衣服被淋湿，及时对雨量筒进行了清理，1 小时后，短信接收的雨量信息有了变化，他开心地笑了。

自担任气象信息员以来，朱坤严格按照上级要求积极开展气象信息服务工作，紧紧围绕镇党委、政府中心工作，认真履行自己的工作职责，有效提高了农村气象信息服务水平，较好地完成了各项工作任务。按时转发每周天气预报，特别是大风、暴雨、大雪、冰冻、寒流、高温等气象灾害信息及时呈送给乡镇党委、政府领导，部门工作人员及各村领导和各个养殖大户。帮助他们做好预防工作，减轻受灾程度。同时及时统计损失，把灾情上报给民政、农业服务中心等部门，以便及时采取措施，实施救济。

“这就是气象信息员朱坤！他提供的气象信息服务非常及时、准确，在每次气象灾害中，我们都能早早了解并及早进行防御，最大限度地减少了灾害损失。”多名种植、养殖大户称赞道。多年来朱坤同志在平凡的工作岗位上兢兢业业、任劳任怨、埋头苦干，做出了不平凡的业绩，对于成绩他永不自满，对于困难他永不服输，对于工作他永不放松，以饱满的工作热情迎接每一次的挑战。不管工作有多难，有多杂，有多烦琐，他都一如既往地把自己的工作做好、做深、做细、做实，不辱一名基层气象信息员的使命，在这个平凡的岗位上实现不平凡的价值。（辽宁省气象局提供）

9.6 为民服务多面手

2021年国庆节期间，四川省达州市渠县出现连续降雨天气，10月7日渠县普遍出现暴雨，其中渠县三汇镇日降雨量达到89.5毫米。加上前期的降水，三汇镇国庆期间的累计降水量达到197.0毫米。

李和林是三汇镇金河村的第一书记，也是该村的气象信息员。原是军人出身，且有气象工作经历的他深知连续降水容易诱发滑坡、泥石流、山洪等地质灾害，加之金河村地形山势陡峭，地质结构不稳定，地质灾害风险更高。

复杂的背景激发了李和林身为气象信息员强烈的责任感和使命感，积极投身到地质灾害防御知识的群众科普上。他一方面利用业余时间加强对地质灾害防御及相关知识的学习，大到地质灾害潜势的预判、处置，细到受灾群众的心理疏导、情绪的安抚，事无巨细，亲力亲为。另一方面，李和林走村入户，给群众宣讲地质灾害防御知识，上至80岁的老人，下到幼儿园的孩童，都知道地质灾害发生时应当怎么避险，怎么撤离。

国庆节本该是放假休息，一家人和和美美在一起的时间，但李和林在得知国庆后期可能有连续降雨天气出现的情况后，毅然放弃了休息时间，扎根在村里，做起了地质灾害巡逻工作。哗啦啦的雨水，陡峭的山势，泥泞的山路，并没有成为李和林平同志的绊脚石，减少群众因灾损失是他前进的动力。每察看到一处地质灾害隐患点，李和林都用手机记录下该处的环境情况，及时向上级汇报，积极治理。同时，他嘱咐居住在隐患点周边的居民，一方面注意观察隐患点的变化，及时向他汇报，另一方面当隐患变成灾害时要利用平时的科普常识，及时避让，减少损失。

在李和林同志的努力下，金河村虽然有小的地质灾害发生，但所幸没有人员伤亡，群众损失得到控制。李和林同志作为气象信息员，他的工作作风和工作方法值得我们学习，是一名优秀的气象信息员。（四川省气象局提供）

9.7 扎根基层，筑牢防灾、减灾第一道防线

牟方锐，中共党员，农艺师，在重庆市万州区走马镇农业服务中心从事农技推广工作兼气象信息员。作为一名骨干气象信息员，一年四季，对每一条气象信息，牟方锐都不敢有任何懈怠。特别是在每年汛期，她更不敢有任何迟疑，每次接到预警信息，她都及时查看并通过短信发送给全镇每个气象信息员（协理员）和村干部，并迅速向镇领导汇报，为防汛调度提供科学依据。不仅如此，她还扎实做好气象预警信息的发布和农业信息的收集、上报工作，充分发挥信息员在气象服务需求反馈、气象灾害收集及气象法规和科普知识宣传中的作用，努力做好走马镇农业气象信息服务，指导农事生产，最大程度防御和减轻了气象灾害带来的损失。

2021 年 9 月 6 日，万州区遭遇该年最强降水天气过程，全区普降暴雨到大暴雨，6 日 02 时至 7 日 02 时全区 93 个雨量站共有 21 个雨量站达大暴雨标准，56 个雨量站达暴雨，最大雨量 175.5 毫米（五桥），最大小时雨量 80.6 毫米（五桥，6 日 07–08 时）。其中走马镇雨量达 152.4 毫米（图 9.2）。

图 9.2　走马场镇进水

（来源：重庆市气象局官网 .http：//cq.cma.gov.cn/wzqqxj/xwdt_314/qxdt_1147/202109/t20210908_3804383.html）

9月6日06时前后，牟方锐接到区气象局通过突发事件预警信息发布平台推送的暴雨橙色预警、城乡积涝气象风险预警、山洪气象风险预警、中小河流洪水气象风险预警、地质灾害气象风险预警等多条预警信息后，第一时间向值班领导进行汇报并立即转发到各村（社区）、相关单位，并要求各村（社区）立即将预警信息转发到各村（社区）居民。早晨08时后走马场镇开始进水，万州区气象局于09时17分升级为暴雨红色预警信号，情势紧急。区气象局对走马镇进行了电话叫应，提醒降水较强，注意防范。走马镇党委、政府及时落实暴雨灾害防范措施，启动应急抢险预案，抗洪抢险人员安排及时到位。时间就是生命，牟方锐立即行动起来，用最快的速度传递气象信息，并通知其他干部到场将居民转移到安全地带。走马初级中学老师接到牟方锐转发的预警信息后立即采取应对措施，疏散转移学生980余人，教职员工30人。因预警信息的及时传达，为该校1010名师生的安全转移创造了“先机”。

师生们安全撤离了，可牟方锐的工作还没有结束，她和其他镇干部一起在场镇进行排查，以便再出现险情时能及时处理。第二天，雨停了，当了解到未来几天都不再有降水时，牟方锐才长长地舒了一口气。但她没有忘记作为一名气象信息员应该发挥的桥梁纽带作用，赶紧回到办公室，把当地遭受强降水影响的情况及时反馈给区气象局，为他们开展防灾、减灾工作提供科学依据。（重庆市气象局提供）

9.8 及时传递气象灾害预警信息，避免重大损失

钱宪芬同志是湖北省宜昌市远安县鸣凤镇花园村村委会治调主任，自2020年1月开始，受聘担任该村气象信息员。自受聘以来，她及时向群众传递气象灾害预警信息，积极收集上报气象灾情信息，协助群众做好防灾、

避灾工作，有效减轻了气象灾害带来的危害，取得了较好的社会、经济效益。尤其是在 2021 年 8 月 31 日强降水天气过程中，因信息传播及时，协助转移群众得力，有效避免了重大人员、财产损失。

2021 年 8 月 31 日晚，远安县遭遇暴雨袭击，过程最大累计雨量 89.4 毫米，极大风速 15.8 米 / 秒。当日 20 时 34 分远安县气象台发布暴雨橙色预警信号：过去 2 小时，远安县鸣凤镇花园站已出现 40 毫米以上降水，预计未来 3 小时，鸣凤镇、茅坪场镇、花林寺镇降水仍将持续，伴有雷电，阵风 6 ～ 8 级，山区山洪、地质灾害、中小河流洪水气象风险较高，请注意防范。

钱宪芬在收到这条预警短信后，立即上报村书记赵纯玉，并在各微信群转发，随后来到户外巡视，查看雨情、水情。花园村地处两山之间的低洼地区，降水容易汇集形成山洪，强降水致使花园村河水迅速上涨，公路和农田被淹，全村排水不畅区域积水严重，部分民房面临危险。钱宪芬配合党支部书记赵纯玉，冒着生命危险，挨家挨户敲响村民的房门，提醒村民做好防洪工作，做好转移准备。临近 22 时，当她们来到花园村九组周启木老人的老屋前，发现老人房屋已开始进水，她们迅速将老人转移到亲戚家中，进行妥善安置。就在老人被安置后不久，老屋发生了坍塌。眼看积水一步步上涨，但仍有几户村民未意识到危险的临近，不愿离开自己的家，她们不顾个人安危极力劝说村民转移。不料雨势加大，洪水上涨过快，两人均被洪水围困，情况危急。

鸣凤镇党政干部、民兵救援人员和公安民警了解到花园村相关情况后紧急出动，20 多名救援人员在雨夜中手挽手，拉住绳索，淌过百米长的危险路段，抵达救援地点，将她们成功营救出来（图 9.3）。

截至当晚 00 时，河水开始消退，在河水暴涨期间，钱宪芬和后期赶到的救援人员先后提醒 60 多户村民展开自救和转移，保证了村民生命安全。

据应急部门统计，这场暴雨导致远安县 4 个乡镇共 1905 人受灾，倒塌房屋 2 户 3 间，直接经济损失 253 万元。其中鸣凤镇花园村受灾尤为严重，大量农田被淹，部分道路损毁严重，电力设施损坏，电力中断。但由于预警及时、转移迅速，未造成人员伤亡。

有人问钱宪芬，那样危急的情况，你怕吗？钱宪芬说："事后想起来确实有点后怕，但我作为一名基层气象信息员，传达气象预警信息、帮助村民转移，这都是我应该做的。而且，幸亏有这么及时的预警，我们才能保住村民们的性命。今后，我还要更多地学习、传达气象知识，在气象信息员的岗位上发光发热，利用气象知识为实现农民生活更加富裕的中国梦不断奋发前行。"（湖北省气象局提供）

图 9.3　2021 年 8 月 31 日夜鸣凤镇花园村救援现场

9.9 勠力同心防御台风"卢碧"

2021 年 8 月 3—7 日，台风"卢碧"给福建省罗源县带来了连续的暴雨天气。8 月 3 日 08 时—7 日 20 时罗源县有 10 个乡镇 13 个气象站雨量超过 250.0 毫米，最大中房镇长晟农业园达 387.3 毫米。台风过后，望着脚下奔腾的河流和眼前依然亭亭玉立的荷叶，罗源县中房镇气象信息员叶吹多日的担忧化成一抹疲惫的微笑。正是一线气象信息员细致贴心的服务，为长晟农业园在台风暴雨灾害中避免了重大损失。

长晟农业园位于罗源县中房镇满盾村，2017 年开始建设生态农业田园综合体，探索荷花和小龙虾共生立体种养模式，该企业长期在湖北等内陆省份进行小龙虾养殖，对福建沿海的气象灾害特别是台风暴雨情况了解不多，防范意识不强。在企业落地之初，中房镇和满盾村两级气象信息员就主动向他们介绍罗源县的气候特点和近年来满盾村因气象灾害造成的农业养殖损失情况等。企业也因此开始提高防范意识，多次邀请气象专业技术人员前往实地调研，为企业的规划建设、荷虾养殖等提供建议。为了加强灾害天气监测，罗源县气象局还为农业园建设一套区域自动气象站，专业的气象服务逐渐赢得企业的信任。

2021 年第 9 号台风“卢碧”由近海生成，近岸加强、沿海穿越，强度和移动路径不确定性很大。罗源县气象台 8 月 2 日第 27 期“重要天气预警报告”指出：目前位于广东西部沿海的热带云团，8 月 3 日可能发展为热带低压，并逐渐向东北方向移动，将于 6 日前后穿过台湾海峡，受其影响 3 日起罗源县将有一次明显降水过程：3—6 日部分乡镇有暴雨，局部大暴雨。收到气象预警短信后，作为中房镇的一名气象信息员，叶吹的第一反应是要马上通知长晟农业园的负责人，该园区近 1000 亩荷虾养殖基地的小龙虾正值收获上市季节，千万不能因为台风暴雨造成损失。他马上拨通基地负责人的电话，详细通报了气象台发送的气象预警信息，并建议：①组织工人加高、加固虾塘并降低水位；②清理虾塘旁小溪的杂草、淤泥，以利泄洪；③加大小龙虾的捕捞并联系市场销售。正是对气象信息员的信任，在叶吹的提醒和建议下，园区马上组织工人开展各项防御工作。

随着热带低压的发展和移动，罗源县气象台一份份重要天气预警报告、气象信息专报、逐小时滚动风情、雨情报告等气象信息通过电话、传真、微信、短信等渠道发送至全县 300 余名气象信息员的手中，此时的叶吹更是心系长晟农业园，多次电话联系荷虾基地，通报最新气象信息，询问虾塘加固、河道疏通等情况。8月5日中房镇雨势开始增大，长晟农业园的降雨更是猛烈，听说荷虾基地已基本完成虾塘的加固，叶吹叮嘱工人不要滞留在河边，马上回到安全地带，防止强降水带来的河流暴涨。本次台风过程，长晟农业园出现了近400毫米的强降水，由于预报及时、防范措施得当，仅出现部分河道冲毁，少量虾塘泛塘、小龙虾逃逸等灾情，台风灾害造成损失被降到最低。气象信息员叶吹在气象预警信息共享、台风防御指导等方面发挥了重要作用。

自2007年成立气象信息员队伍以来，罗源县气象局不断加强队伍建设，及时补充更新信息员资料，不定期开展气象防灾、减灾知识培训，增强气象信息员对灾害性天气的敏感性和处置能力。多年来，气象信息员队伍在罗源县气象预警信息传播和气象情报、灾情收集，突破气象信息传播"最后一公里"方面发挥了积极作用，为提高农村气象灾害防御能力，减轻灾害损失贡献了重要力量。（福建省气象局提供）

9.10 3小时紧急转移600人

2021年7月24日上午，随着第6号台风"烟花"的逐步逼近，浙江省绍兴市柯桥区夏履镇出现了短时强降雨，3小时降雨量超过100毫米，降雨造成溪流满溢、低洼区域被淹。

"真是要感谢小周，我们一家最终平安无事，要不然真是出不来了！"说这番话的是夏履镇双叶村78岁村民周伟良，他对着前来慰问的镇村干部连声感谢。正是因为听从了村里气象信息员周青的一番话，周伟良一家老老小小最终才下定决心，离开了熟悉的故土家园，被紧急安置在夏履镇中心小学，并成功躲过了突发小流域山洪的正面袭击。

7月23日上午，柯桥区气象台通过国家突发事件预警发布平台、浙政钉工作群、96121、官方微信微博、电视、融媒体、短信、农村应急广播等渠道，加大气象信息传播力度，紧急叫应夏履镇党政一把手、镇村干部及周青等气象信息员、协理员，提醒社会各界做好台风防范。接到气象台发来的紧急短信通知，周青立即向双叶村主职干部汇报，并走访地势最低洼村落，与村干部一起挨家挨户通知处于危险地带的村民转移，没想到居然碰到了好几位拒绝转移的“钉子户”。周伟良老人就是其中一个，非常执拗，街道干部费尽口舌，就是劝不动转移到安全地带。并且，他说这么多年了都相安无事，现在雨有点小了，水也退了一些，应该不会有大的影响。“伟良兄啊，还是快走吧！台风虽然没有登陆，但接下去肯定还会再下雨，你看你家临溪的一间土坯房墙都裂开了，不要守在家里了，大水来了是防不住的，人才是最重要的啊！”经过周青的反复劝说，固执的老人这才醒悟过来，答应转移到临时安置点去。

至 7 月 24 日 11 时，台风“烟花”继续给柯桥区带来强风暴雨，致使夏履镇莲东村、莲增村、莲西村、双叶村和夏东村 100 余间民房进水。此时，柯桥区气象台的台风黄色预警信号、山洪灾害气象风险橙色预警信号、地质灾害气象风险橙色预警信号等陆续发出，区人武部、区应急管理局和柯桥区战狼救援队的数十名队员也相继赶到，他们第一时间参与排涝搜寻，巡查企业车间 80 多个，转移挖机铁架 59 台，并将村里的老人、儿童转移至安全区域。截至 14 时，夏履镇紧急转移群众 600 多人，无人员伤亡，人民群众的生命、财产安全得到了基本保障。

“今年的抗台防汛工作已经算是好做了，因为气象局早已把每个村的村委会主任、村支书都培训成了气象信息员，到时只要及时把台风信息传达给他们，抗台防汛、抢险救灾就会方便快速许多。”别看周青表面上说起来挺轻松，但其实他深知台风来临时自己作为老百姓的“平安使者”，肩上所担负的责任很重很大。

时任柯桥区气象局局长张建海对此次减灾“立功”的夏履镇双叶村气象信息员周青作了高度评价，他说：“气象信息员和协理员有点像记者，在台风等灾害性天气来临时，他们需在第一时间报道，并且还要在第一时间引导民众进行防灾避险，积极完成气象部门最基层最基础的工作，他们才是气象‘吹哨人’发挥理想效果的最直接体现者，基本解决了基层由于信息不畅而导致的气象信息传播‘最后一公里’缺失的难题。大家理应为他们大大点赞。”（浙江省气象局提供）

9.11 气象信息精准发力 助力山区脱贫致富

王海员，现任山东省日照市五莲县户部乡东山村党支部书记，自 2017 年担任村书记以来，同时兼职成为该村气象信息员。他通过带领村民养蝎子、成立小米合作社，动员 80 多户农户种谷子，发展樱桃 400 多亩，板栗 800 余亩等，给村民带来了显著的经济效益和生态效益，成为乡村振兴的典型样板。

王海员被聘为气象信息员后，他主动关注了“五莲气象”微信公众号，每天认真阅读天气预报，根据县气象局提出的防范建议，指导村民合理安排农事活动。积极参加县气象局组织的气象信息员培训和户部乡樱桃果蝇防治培训班，熟练掌握预报、预警发布规定及防御指南。

东山村地处五莲县城东北部 35 千米处，地势高低不平，交通极为不便，村里农田全部为山地或丘陵，不具备水浇条件，春季易受倒春寒和旱灾影响，夏季易受雹灾袭击，秋季易发生干旱，冬季常受低温、大风威胁。王海员通过自己所学的气象知识，合理利用气象资源，大力发展养殖业和林果业，走上了一条带领村民共同致富的道路。2020 年以来，王海员经常通过赶大集、召开村民大会和党员大会等多种方式，向村民普及气象知识，每次重要天气过程来临前都坚持提前利用微信、短信等向村民广泛转发县气象局制作的预报、预警信息，及时安排人员将天气预报抄在村委院里的黑板上，遇有关键性天气，立刻启动大喇叭和手机呼叫，迅速告知村民做好防范。王海员为东山村这个偏僻的山村撑起来一把保护伞。

2021 年 3 月 17 日，五莲县户部乡小樱桃开始进入初花期，3 月 21 日开始进入盛花期，3 月 17 日、3 月 19—22 日当地接连出现春季晚霜，给小樱桃花期带来了灭顶之灾。4 月 4—5 日再次连续 2 天出现霜冻，当时正值小樱桃幼果期和大樱桃开花期，大、小樱桃均迎来霜冻侵袭。王海员在接到县气象局发布的预防霜冻提醒后，多次通宵带领村民在樱桃园采用烟熏方式进行防霜。尽管 2021 年 3—4 月多次出现春季晚霜，但因防范得当，减产较轻，亩均纯收入 3500 元左右，全村仅樱桃纯收入就有 100 多万元，果农的腰包鼓起来了，对王海员发布的气象信息也更加信赖了。

近年来，樱桃果蝇灾害越来越严重，王海员积极参加县气象局和五莲县果树研究所联合举办的樱桃果蝇防治培训班，选择晴天、风力较小且气温适宜的天气，利用无人机组织村民进行樱桃果蝇防治，提高了樱桃的品质和品相。

东山村的村民除了根据王海员的气象信息管理好了樱桃园，他们的谷子种植、蝎子养殖等也巧妙利用了天气，实现了丰产、丰收。东山村多山地、丘陵，非常适宜种植抗旱强、产量高的谷子。王海员带领村民时刻关注气象信息，合理安排雨前播种，雨后除草，抢收抢晒等一系列农事活动，保障全村种植的 200 多亩谷子增产丰收。王海员时刻牢记自己是一名气象信息员，三天两头到谷子地指导谷农如何巧妙看天种地，及时提醒他们做好各种防范措施。尤其是在谷子生长后期，如果遇到大风天气极易倒伏，王海员便带领村民及时给谷子地罩网罩，既防止了鸟类的偷食，又减轻了风力影响。

到了收获谷子的季节，王海员非常关注天气预报，提前提醒谷农一定要赶在雨前抓紧晾晒收获，尤其是连阴雨天气来临前，以免造成谷子发芽霉烂。2021 年 9 月，五莲县多次出现连阴雨天气，9 月降水量 180.3 毫米，降雨日数达 11 天，其中最长连续降雨日数达 6 天，出现了极为罕见的秋汛天气。地里土壤湿度达到饱和，无法下地，其他村的村民眼睁睁看着谷子在地里发芽，严重影响了谷子的收获。与之形成鲜明对比的是，王海员所在的东山村谷子获得了丰收。这主要得益于王海员及时关注天气预报，利用所学气象知识，通过合理利用晴雨间歇时间，带领谷农及时收割谷子，赶在中秋节（9 月 21 日）前收获完毕，该村小米供不应求，价格也比往年每斤涨了 1 元钱，亩均纯收入达 3000 多元。

从面朝黄土背朝天地靠天吃饭，到合理利用天气科学种植，作为世代生长在山区的王海员深知农民不易，他与气象工作者一样，心系“三农”，将满腔热血挥洒在东山村这片热土上，带领村民走出了一条山区农民致富的道路。（山东省气象局提供）

9.12 以基层小网格筑牢气象防灾减灾第一道防线

2020 年以来，江苏省苏州市相城区 500 个网格和 5000 余名网格员在网格事务中融合气象灾害防御工作，全面打通气象预警信息发布“绿色通道”，实现气象灾害预警信息网格化传播，气象防灾、减灾向基层网格延伸。他们置顶发力，全面激活了气象防灾、减灾“神经末梢”，为全区气象防灾、减灾构筑起一道强有力的安全大防线。

9.12.1 队伍融合“一网格”，基层治理与气象防灾减灾形成新合力

2020 年 5 月 25 日在相城区元和街道华辰嘉园社区气象科普站，正在举行一季度一次的气象科普沙龙，社区网格长严韫正在给 18 位网格员分发《气象灾害防御明白卡》，讲解社区气象灾害防御指南。

严韫已经担任气象信息员 3 年多了，自从全区气象信息员和网格员开展融入式建设后，她作为网格长，又承担起了为网格员开展气象科普培训的任务。严韫表示，“多员合一以后，社区的 18 位网格员也成了气象信息

员，我作为网格长，要把气象预警信息发布、气象灾害防御、气象灾害调查、特殊天气观测 4 项网格员职责清单给大家讲明白讲透彻，这样才能有效地防御气象灾害。”

相城区气象局与应急管理局、区集成指挥中心（联动中心）开展战略合作，气象信息员和网格员开展融入式建设，全区 500 个网格、5000 余名网格员为基层气象防灾、减灾打开了全新工作格局，使得之前依靠 150 名气象信息员的基层气象防灾、减灾队伍扩大了 32 倍还多，有效打通气象安全防线“最后一米”之路，有效地形成了“横向到边、纵向到底”的气象防灾、减灾协同处置机制。

9.12.2 预警信息“一键达”，气象灾害防御覆盖全网格

“@ 网格长广告牌已加固完毕、@ 网格长，维修点警示标志已设立；@ 网格长，26 ～ 32 栋地下车库巡查没问题……”严韫的微信群一直不停闪烁，“今天气象台发布了暴雨黄色预警，我收到气象预警短信后，立即转发到我们社区的 18 个网格群，网格员就能迅速开展安全巡查，特别高效。”严韫说，“网格员还能把预警信息转发到楼栋群中，给居民提个醒，居民都说我们是温馨小广播。”

2020 年以来，国家突发公共事件预警信息发布平台与相城区集成指挥中心全面无缝对接，实现气象预警信息“一键直达”全区网格员。网格员在有效时效内通过短信、网格微信群进行再预警传递，网格群众接受信息覆盖面超过 95%，信息传递平均耗时仅 5 ～ 7 分钟，信息高效地传递为开展应急救援赢得黄金时间。

9.12.3 应急联动“一盘棋”，靶向发力精准救援

2021 年在台风“烟花”影响期间，相城区气象局部署了气象灾害防御专项网格任务，严韫按照“网格清单式”管理，发挥网格“作战单元”功

能，带领所有网格员开启循环排查模式，对辖区内地质灾害隐患点、危旧房等危险区域开展风险摸排，紧急修剪倒伏树枝 20 余处、加固拆除横幅、广告牌 10 处，排除各类安全隐患、高空坠物 50 余处，并实时上报隐患信息，强化联动，加强前期处置，减少安全隐患。据统计，2021 年汛期全区网格员，响应率达 100%，反馈完成率达到 100%，网格员巡查时长、巡查轨迹等均处在全市前列。（江苏省气象局提供）

9.13 10 分钟保住千余条生命

2020 年 6 月 7 日 03 时，随着一声巨响，广西壮族自治区贺州市昭平县北陀镇立教村反罗片区一民房以及反罗教学点的大门及围墙全部被滚滚而下的泥石流冲塌。就在 10 分钟前，立教村 6 个片区几百户村民全部安全转移至安置点。千余群众生命无虞的背后，离不开气象与各部门的协同配合、共同防御。

“县气象局预报北陀镇今晚将出现大到暴雨，大家全部通宵备战，分片通知、分片安置，提前做好风险点村民撤离和财产安置准备。”6 日 19 时，贺州市昭平县北陀镇立教村支部书记、气象信息员邱恒明在村委会上紧急部署。

“橙色预警升为红色预警了！县气象局紧急电话通报雨情，提醒我们北陀镇还将出现大雨，山洪地质灾害气象风险很高。我们务必确保所有人员安全转移。”6 月 7 日 00 时 57 分，邱恒明再次紧急部署。与此同时，气象预警大喇叭在雨夜里反复响起，提醒村民做好防护。02 时 30 分，邱恒明在对其负责的立教村反罗片区地质灾害隐患点进行排查时发现，反罗小学附近的山沟来水变得浑浊，并伴有小石头、泥沙，可能存在上游小范围塌方的情况。邱恒明立即将情况上报至北陀镇防汛抗旱办公室，并及时组织村干部对附近住户进行疏散。

北陀镇党委、政府主要领导收到消息后，立即赶赴立教村，经过现场查看判断，立即组织村干部、驻村队员疏散动员涉及范围内的所有住户。03 时，所有住户转移到安全地带。不到 2 分钟，随着后山传来一声巨响，顷刻间泥石流滚滚而下，冲塌反罗教学点的大门及围墙，淤泥、石头冲进一楼教室及周边 6 间民房，学校前面 1 间住人的民房被冲毁。

“大喇叭一响，预警短信一到，村里的老少都知道这大雨要致灾了，加上村干部挨户通知，真的是救了我们的命！”刚逃过一劫的村民何玉仙身体仍有些颤抖，他的房子倒塌了，好在人没事。

据悉，邱恒明同志 2019 年任广西昭平县北陀镇立教村村支书、主任，同年 4 月起担任气象信息员。邱恒明同志认真履行气象信息员职责，坚持人民至上、生命至上，依法减灾、依法救灾，每年按要求参加气象信息员培训，密切关注气象灾害预警信息，通过微信群转发到各村小组，有强降雨过程时，提前安排部署防御工作，落实 24 小时值班、领导带班制度。协助开展气象防灾、减灾宣传，及时上报气象灾情，配合开展灾情调查。在气象灾害发生时履职尽责，采取措施有效应对，避免了重大伤亡事故的发生。（广西壮族自治区气象局提供）

9.14 奔走在气象防灾、减灾最前沿的“追梦人”

朴素大方、有点微胖、做事风风火火，这是记者初见 2019 年全国优秀气象信息员郭惠梅的第一印象。她用真诚和行动为当地群众提供了细致周到的气象服务。

郭惠梅从 2014 年起至今一直担任湖南省沅江市气象局辅助观测信息员，她对镇上的地形非常熟悉，哪个村哪个组地势高些，天干时容易干旱；哪个村哪个组地势低洼，下雨时容易渍水，她都了然于心。近年来，渍灾、冰灾、旱灾的照片，她拍了不下 500 张，上传灾情三十几例。

郭惠梅至今还记得她第一次拍摄受灾照片的情景。那是2014年的5月11日，她正准备去亲戚家串门，却接到了沅江市气象局的通知去拍摄稻田被淹的照片。于是她拿起相机立即出发，沿着公路找淹水厉害的稻田。地方找到了，但走过去拍照却花了一些功夫。因为那些田在村尾，少有人去，路上长满了杂树与深草。幸好那天她穿的是凉鞋，岸上水里都可以走。不过，当她在公路边清洗凉鞋上的烂泥巴时，才注意到衣服裤子也沾了好多泥巴。只好打电话叫她爱人来把她送回家，换了一身干净衣服再去亲戚家。附文字说明时，她也是斟字酌句，花了一个多小时才定下来。

最终郭惠梅拍摄的那两张照片全部被沅江市气象局选中。在市气象局召开的信息员培训会上，她的照片也作为受灾照片模本（图9.4），编到了《灾害性天气信息员辅助观测培训教材》中。

图9.4　2014年5月11日郭惠梅拍摄的稻田受灾照片
（来源：中国天气网）

作为辅助观测信息员，郭惠梅深知自己的职责就是要将气象局的天气预警尽快转发出去，让更多的人知道，尽量减少灾害天气造成的损失。同时，当本区域一旦出现灾害天气或者发生灾情，要及时赶赴现场进行观测，并将采集的资料及时上传到气象局。

2020 年 4 月 11 日凌晨，沅江市气象局发布了大风蓝色预警，此时正是机插秧、抛秧秧苗地膜覆盖生长的时节。如果大风将地膜吹开，机插秧、抛秧受寒，生长停滞，早稻抛栽将会推迟。郭惠梅接到预警信息后，马上转发到了几个微信工作群，同时电话通知各种粮大户、合作社，提醒他们做好大棚加固，防范大风。

种粮大户郭正文有十几亩秧田，因为及时收到预警信息并组织农户加固秧田地膜，他的秧田在此次大风天气过程中安然无恙。他对郭惠梅提供的气象信息万分感谢，他说："地上种田的知识我全知道，天上的天气却只懂一小半，有了气象局的预警信息，有了郭慧梅的帮助，我可以掌握天上 80% 的知识了，种田胆子更大了。"

"作为基层辅助观测信息员和农技员，所接触的多是种田大户、合作社、村干部。中国的农业虽然发展很快，但仍改不了'靠天吃饭'的模式，天气，对农业生产还是有很大的影响。每每接到预警信息，我都会第一时间发到自己的微信工作群，通知大家做好防范。"郭惠梅兢兢业业，她将每一条预警信息及其处理与服务情况都记录在案，方便总结经验，提升服务质量。

2019 年，郭惠梅被评为了全国优秀气象信息员，这是对她历年来气象信息员工作的认可，更是一种鼓励与鞭策。她对气象信息员工作满怀憧憬，未来，她会继续努力追逐自己的梦想，奔走在气象防灾、减灾的最前沿。（来源：中国天气网）

9.15 做好贴心气象"传声筒"　打通为农服务"最后一公里"

田间地头、大棚鱼塘通常是他的工作场所；手机、拖鞋、一身泥水或汗流浃背是他的日常形象；农民、种植养殖户是他的主要服务对象。他就是荣获 2018 年度全国“百名优秀气象信息员”称号的袁国明。

袁国明是江苏省如皋市石庄镇农业服务中心高级农艺师，也是一名兼职气象信息员。身为农民的儿子，袁国明知道气象条件对农业生产意味着什么，气象防、灾减灾对农民是何其重要。他时刻牢记自己的职责，认真履职，及时接收、转发和利用气象预警信息，积极宣传气象灾害防御科普知识，组织防范应对灾害性天气和老百姓抗灾自救，充分发挥了气象信息员在农村气象防灾、减灾中的作用。

“灾情就是命令”。2018 年第 18 号台风“温比亚”来临前夕，老袁第一时间转发了预报、预警信息，并挨个电话通知镇种植、养殖户，嘱咐大家做好棚架加固、电线梳理等抗灾准备。台风肆虐时，果断启动应急方案，将房屋倒塌的居民转移到安全地方，未死亡的家禽也转移到安全棚舍。不仅如此，老袁更是带着工伤，冒着狂风暴雨走村串户，核查统计灾情。农户们及时了解到气象信息，事先做好防护措施，将灾害降到了最低。“老袁是我们老百姓贴心的气象预报员，每次灾害来临之前，他都会及时将信息传递给我们，帮助我们降低损失，村民都非常敬重他。”石庄镇杨庄村村民感激地说。

袁国明帮助农民减少了气象灾害损失，推动了气象为农服务的发展，得到了百姓的信赖，打通了气象信息传播的“最后一公里”，在气象信息员中树立了榜样，为如皋气象事业发展做出了积极贡献。（来源：江苏省如皋市人民政府官网）

9.16 暴雨中的气象信息员

“现在雨下得怎么样了？”

“小万，雨还在下，我们这涨水了。”

“什么，樟溪这么快就涨水了？”

“是啊，我们一楼都被淹了。”

“这么严重，人没什么事吧？”

“还好，昨天收到了气象短信，做了一些防范措施，只是这次雨下得太大了，河里水看着就涨起来了，桥也被淹啦！！”

“那我下午去看看。”

以上是 2014 年 6 月 19 日 11 时江西省黎川县樟溪乡卫生院的气象信息员邹慧琴与江西省黎川县气象局的业务员小万的一段通话记录。

自 6 月 19 日以来，黎川县遭遇了 2014 年最强的连续暴雨袭击，造成多个乡镇的道路、桥梁等部分基础设施受损，农田被淹（图 9.5）。

图 9.5　黎川县 2014 年受灾场景
（来源：中国气象局官网图片新闻）

受到短波槽东移和低层切变线的影响，黎川县从 6 月 19 日 07 时开始，雷达回波覆盖了全县，雨势呈现出增强的趋势。黎川县气象局值班业务员立即向县、乡各级领导和信息员发送气象预警、预报短信，同时发布了暴雨蓝色预警信号。07—11 时，强降雨云团在黎川县上空几乎不动，雨势丝毫不见减弱，据气象资料分析，黎川南部普遍出现暴雨到大暴雨，以樟溪乡的 128.6 毫米为最大，于是出现了上面强降雨来势汹汹的情况。

07—09 时的短短 2 小时，樟溪就降了 59.7 毫米的雨量，江河水面迅速上涨，即将漫过安全警戒线。邹慧琴眼看雨丝毫没有减弱的趋势，打电话给县气象局咨询短时临近预报得知最近 3 小时降雨将维持。年轻的信息员心急人不乱，第一时间迅速将这一重要情况向乡政府报告，提醒做好应对山洪泥石流的准备。乡政府立即部署，要求各村立即做好紧急转移准备工作，以应对暴雨诱发的各种衍生气象灾害。

6 月 19 日 11 时后，这一轮强降雨雷达回波终现“疲态”，“坚持”了 2 小时后“力竭而散”，给黎川人民抢险救灾带来了喘息之机。也正是在 11 时，邹慧琴得知邻近的宏村镇有 13 名群众被洪水所困，民兵正在全力解救。11 时 30 分下了班就坐车来到了宏村群众被困点，看着被围困在远处房屋和稻田里的群众一个个被解救出来，她悬着的心终于落了下来，她仔细地询问乡亲们有没有受伤，有没有不舒服，直到最后一名被困者被解救出来，得知群众都没有受伤她才默默地离开了现场。

6 月 20 日，第二轮强降水持续来袭。黎川全县有 9 个区域气象站出现短时强降水，以荷源 1 小时降雨 51.2 毫米为最大，国家气象观测站也出现了 1 小时降雨 42.0 毫米的短时强降水，导致龙头寨等部分水库出现险情，德胜山区出现大面积山土滑坡。

邹慧琴说，面对强降雨天气，作为一名气象信息员要认真对待，积极配合，尽个人能力发挥信息员的作用。（江西省气象局提供）